高等院校医学实验教学系列教材

细胞生物学实验

第 2 版

主　编　高志芹　于文静

副主编　潘智芳　王国辉　王玉冰

编　委　（按姓名笔画排序）

于文静　王玉冰　王国辉

冯卫国　刘晓影　杨潍潍

赵春玲　徐　鑫　高志芹

潘智芳

科学出版社

北　京

内 容 简 介

本书介绍了细胞生物学常用的实验技术和方法，其编者们均为细胞生物学教学和研究的一线教师，在高等医学院校工作多年。本书将编者的科学研究工作经验融入到设计性和创新性实验的内容中，具有较强的实践性。

本书共三篇，包括细胞生物学基础性实验31个、综合性实验14个以及设计性和创新性实验选题10个。基础性和综合性实验主要描述实验方法与步骤，内容简明扼要，切实可行，主要试剂配制均有说明，实用性强；设计性和创新性实验选题主要是将细胞生物学技术应用于目前的研究热点领域，对学生进行创新能力和综合能力的培训，引导学生进行毕业论文设计和科研设计。

本书适合作为生物学、医学以及相关专业的本科生、研究生的细胞生物学实验教材，也可供本科生、研究生进行毕业论文和科研设计参考使用。

图书在版编目（CIP）数据

细胞生物学实验/高志芹，于文静主编 . —2 版 . —北京：科学出版社，2021.2
高等院校医学实验教学系列教材
ISBN 978-7-03-065418-2

Ⅰ . ①细⋯　Ⅱ . ①高⋯　②于⋯　Ⅲ . ①细胞生物学 – 实验 – 高等学校 – 教材　Ⅳ . ① Q2–33

中国版本图书馆 CIP 数据核字（2020）第 094525 号

责任编辑：张天佐　胡治国 / 责任校对：郭瑞芝
责任印制：霍　兵 / 封面设计：陈　敬

科 学 出 版 社 出版
北京东黄城根北街 16 号
邮政编码：100717
http://www.sciencep.com

天津文林印务有限公司 印刷
科学出版社发行　各地新华书店经销
*
2015 年 3 月第 一 版　开本：787×1092 1/16
2021 年 2 月第 二 版　印张：8 1/4
2024 年 1 月第十次印刷　字数：188 000

定价：35.00 元

高等院校医学实验教学系列教材编委会

前　言

医学是一门实验性极强的科学，医学实验教学在整个医学教育中占有极为重要的位置。"高等院校医学实验教学系列教材"编委会，以《普通高等学校本科专业类教学质量国家标准》为参照体系，以培养学生综合素质、创新精神和实践创新能力为目标，在借鉴相关医学院校实验教学改革经验的基础上，编写了第一版实验教学系列教材。

第一版系列教材自2014年出版以来，已在多所医药院校使用，受到了广大师生的好评与欢迎，满足了地方医学院校教与学的需要，为推动地方医学院校人才培养发挥了一定作用。为了加强"新医科"建设，紧跟学科发展动向，提升教材质量水平，适应从治疗为主到兼具预防治疗、康养的生命健康全周期医学的新理念，更好地把握高等医学教育内容和课程体系的改革方向，在对教师及学生进行广泛、深入调研的基础上，我们总结和汲取了第一版教材的编写经验和成果，在第一版教材的基本框架和内容基础上删去了一些叙述偏多、学科之间交叉重复的内容，充实和更新了一些新知识、新技术和新方法，引入虚拟仿真实验教学项目，推进了现代信息技术融入实验教学，进一步拓展实验教学内容的广度和深度、延伸实验教学时间和空间、提升实验教学质量和水平。

本版系列教材内容上仍遵循实验教学逻辑和规律，按照医学实验教学体系进行重组和融合，按基本性实验、综合性实验和设计创新性实验等三个层次编写。基本性实验与相应学科理论教学同步，以巩固学生的理论知识、训练实验操作能力；综合性实验通过融合相关学科知识设计，培养学生的综合运用能力、分析和解决问题的能力；设计创新性实验由命题设计实验和自由探索实验构成，培养学生的科学思维和创新能力。

本版系列教材面向对象仍以临床医学专业学生为主，兼顾预防医学、麻醉学、口腔医学、医学影像学、护理学、药学、医学检验技术、生物技术等医学及医学技术类专业学生需求。不同的专业可按照本专业培养目标和专业特点，采取实验教学与理论教学统筹协调、课内实验教学和课外科研训练相结合的方式，选择不同层次的必修和选修实验项目。

　　由于医学教育模式和实验教学模式存在地域和校际之间的差异，虽然编者在本次修订过程中力求严谨和正确，但限于学识水平与能力，书中难免存在不足之处，恳请同行专家和广大师生批评指正并提出宝贵意见。

"高等院校医学实验教学系列教材"编委会

2019 年 1 月

目　　录

第二篇　综合性实验

第三篇　设计性和创新性实验

第一篇 基础性实验

第一章 显微镜的原理及应用

实验 1 普通光学显微镜

一、实验目的

1. 熟悉普通光学显微镜的主要构造及其性能。
2. 掌握低倍镜及高倍镜的使用方法。
3. 初步掌握油镜的使用方法。
4. 了解光学显微镜的维护方法。

二、实验用品

1. 材料 永久装片。
2. 器材 普通光学显微镜、擦镜纸、香柏油或液状石蜡等。
3. 试剂 清洁剂（乙醚和无水乙醇体积比：7∶3）、二甲苯。

三、实验内容

1. 光学显微镜（light microscope）的原理 光学显微镜是生物科学和医学研究领域常用的仪器，它在细胞生物学、组织学、病理学、微生物学及其他有关学科的教学研究工作中有着极为广泛的用途，是研究人体及其他生物机体组织和细胞结构强有力的工具。

光学显微镜简称光镜，是利用光线照明使微小物体形成放大影像的仪器。目前使用的光学显微镜种类繁多，外形和结构差别较大，有些类型的光学显微镜有其特殊的用途，如暗视野显微镜、荧光显微镜、相差显微镜、倒置显微镜等，但其基本的构造和工作原理是相似的。普通光学显微镜主要由机械系统和光学系统两部分构成，光学系统主要包括光源、反光镜、聚光器、物镜和目镜等部件。

光学显微镜是如何使微小物体放大的呢？物镜和目镜的结构虽然比较复杂，但它们的作用都是相当于一个凸透镜，由于被检标本是放在物镜下方的 1～2 倍焦距之间的，上方形成倒立的放大实像，该实像正好位于目镜的下焦点（焦平面）之内，目镜进一步将它放大成一个虚像，通过调焦可使虚像落在眼睛的明视距离处，在视网膜上形成一个直立的实像。显微镜中被放大的倒立虚像与视网膜上直立的实像是相吻合的，该虚像看起来好像在离眼睛 25cm 处。

分辨率（resolution）是光学显微镜的主要性能指标。所谓分辨率，是指显微镜或肉眼在 25cm 的明视距离处，能清楚地分辨被检物体细微结构最小间隔的能力，即分辨出标本上相互接近的两点间的最小距离的能力。据测定，肉眼的分辨率约为 100μm。显微镜的分辨率由物镜的分辨率决定，物镜的分辨率就是显微镜的分辨率，而目镜与显微镜的分辨率无关。光学显微镜的分辨率（R）值越小，分辨率越高，可以按下式计算：

$$R = \frac{0.61\lambda}{n\sin\theta}$$

n 为聚光镜与物镜之间介质的折射率（空气为 1、油为 1.5）；θ 为标本对物镜镜口张角的半角，$\sin\theta$ 的最大值为 1；λ 为照明光源的波长（白光约为 0.5m）。

放大率或放大倍数是光学显微镜性能的另一重要参数，一台显微镜的总放大倍数等于目镜放大倍数与物镜放大倍数的乘积。

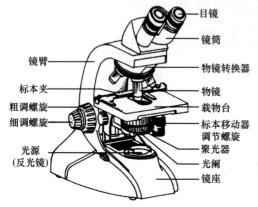

图 1-1 普通光学显微镜的构造

2. 普通光学显微镜的基本构造及功能（图 1-1）

（1）机械系统部分

1）镜筒：为安装在光学显微镜最上方或镜臂前方的圆筒状结构，其上端装有目镜，下端与物镜转换器相连。根据镜筒的数目，光学显微镜可分为单筒式或双筒式两类。单筒式光学显微镜又分为镜筒直立式和镜筒倾斜式两种。而双筒式光学显微镜的镜筒均为倾斜的。镜筒直立式光学显微镜的目镜与物镜的中心线互成 45°，在其镜筒中装有能使光线折转 45° 的棱镜。

2）物镜转换器：又称物镜转换盘，是安装在镜筒下方的圆盘状构造，可以按顺时针或逆时针方向自由旋转。其上均匀分布有 3～4 个圆孔，用以装载不同放大倍数的物镜。转动物镜转换器可使不同的物镜到达工作位置（即与光路合轴）。使用时注意使所需物镜准确到位。

3）镜臂：为支持镜筒和载物台的弯曲状构造，是取用显微镜时握拿的部位。镜筒直立式光学显微镜在镜臂与其下方的镜柱之间有一倾斜关节，可使镜筒向后倾斜一定角度以方便观察，但使用时倾斜角度不应超过 45°，否则显微镜由于重心偏移容易翻倒。在使用临时装片时，千万不要倾斜镜臂，以免液体或染液流出，污染显微镜。

4）调焦器：也称调焦螺旋，为调节焦距的装置，位于镜臂的上端（镜筒直立式光学显微镜）或下端（镜筒倾斜式光学显微镜），分粗调螺旋（大螺旋）和细调螺旋（小螺旋）两种。粗调螺旋可使镜筒或载物台以较快速度或较大幅度升降，能迅速调节好焦距使物像呈现在视野中，适于低倍镜观察时的调焦。而细调螺旋只能使镜筒或载物台缓慢或较小幅度的升降（升或降的距离不易被肉眼观察到），适用于高倍镜和油镜的聚焦或观察标本的不同层次，一般在粗调螺旋调焦的基础上再使用细调螺旋，精细调节焦距。

有些类型的光学显微镜，粗调螺旋和细调螺旋重合在一起，安装在镜柱的两侧。左、右侧粗调螺旋的内侧有一窄环，称为粗调松紧调节轮，其功能是调节粗调螺旋的松紧度（向外转偏松，向内转偏紧）。另外，在左侧粗调螺旋的内侧有一粗调限位环凸柄，当用粗调螺旋调准焦距后向上推紧该柄，可使粗调螺旋限位，此时载物台不能继续上升，但细调螺旋仍可调节。

5）载物台：也称镜台，是位于物镜转换器下方的方形平台，是放置被观察的玻片标本的地方。平台的中央有一圆孔，称为通光孔，来自下方的光线经此孔照射到标本上。

在载物台上通常装有标本移动器（也称标本推进器），移动器上安装的弹簧夹可用于固定玻片标本，另外，转动与移动器相连的两个螺旋可使玻片标本前后左右地移动，这样寻找物像时较为方便。

6）镜柱：为镜臂与镜座相连的短柱。

7）镜座：位于显微镜最底部的构造，为整个显微镜的基座，用于支持和稳定镜体。有的显微镜在镜座内装有照明光源等构造。

（2）光学系统部分

光学显微镜的光学系统主要包括物镜、目镜和照明装置[如光源（反光镜）、聚光器和光圈等]。

1）目镜：又称接目镜，安装在镜筒的上端，起着将物镜所放大的物像进一步放大的作用。每个目镜一般由两个透镜组成，在上、下两个透镜（即接目透镜和会聚透镜）之间安装有能决定视野大小的金属光阑——视场光阑，此光阑的位置即是物镜所放大实像的位置。另外，还可在光阑的上面安装目镜测微尺。每台显微镜通常配置 2 或 3 个不同放大倍率的目镜，常见的有 5×、10× 和 15×（× 表示放大倍数）的目镜，可根据不同的需要选择使用，最常用的是 10× 目镜。

2）物镜：也称接物镜，安装在物镜转换器上。每台光学显微镜一般有 3～4 个不同放大倍率的物镜，每个物镜由数片凸透镜和凹透镜组合而成，是显微镜最主要的光学部件，决定着光学显微镜分辨率的高低。常用物镜的放大倍数有 4×、10×、40× 和 100× 等。一般将 4×、10× 的物镜称为低倍镜；将 40× 以上的物镜称为高倍镜；100× 的物镜通常称为油镜，这种镜头在使用时需浸在镜油中。

在每个物镜上通常都刻有能反映其主要性能的参数，主要有放大倍数和数值孔径（如 10/0.25、40/0.65 和 100/1.25），物镜分辨率的大小取决于物镜的数值孔径（numerial aperture，NA），NA 又称为镜口率，其数值越大，则表示分辨率越高。其次是该物镜所要求的镜筒长度和标本上的盖玻片厚度（160/0.17，单位 mm）等。另外，在油镜上还常标有“油”或“Oil”的字样。

油镜在使用时需要用香柏油或液状石蜡作为介质，这是因为油镜的透镜和镜孔较小，而光线要通过载玻片和空气才能进入物镜中，玻璃与空气的折射率不同，使部分光线产生折射而损失掉，导致进入物镜的光线减少，而使视野变暗，物像不清。在玻片标本和油镜之间填充折射率与玻璃近似的香柏油或液状石蜡时（玻璃、香柏油、液状石蜡和空气的折射率分别为 1.52、1.51、1.47、1），可减少光线的折射，增加视野亮度，提高分辨率。

如图 1-2 所示，C 线为盖玻片的上表面，10× 物镜的工作距离为 7.63mm；40× 物镜的工作距离为 0.53mm；100× 物镜的工作距离为 0.198mm；10/0.25、40/0.65、100/1.25 表示镜头的放大倍数和数值孔径。160/0.17 表示显微镜的机械镜筒长度（标本至目镜的距离）和盖玻片的厚度，即镜筒长度为 160mm，盖玻片厚度为 0.17mm。

不同的物镜有不同的工作距离。所谓工作距离是指显微镜处于工作状态（焦距调好、物像清晰）时，物镜最下端与盖玻片上表面之间的距离。物镜的放大倍数与其工作距离成反比。当低倍镜被调节到工作距离后，可直接转换成高倍镜或油镜，只需要用细调螺旋稍加调节焦距便可见到清晰的物像，这种情况称为同高调焦。

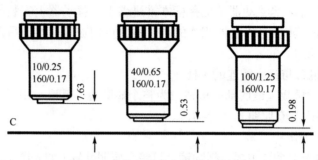

图 1-2 物镜的性能参数及工作距离

表 1-1 标准物镜的性质

放大倍数	数值孔径	工作距离（mm）
10	0.25	6.5
20	0.50	2.0
40	0.65	0.6
100	1.25	0.2

不同放大倍数的物镜也可从外形上加以区别，一般来说，物镜的长度与放大倍数成正比（表 1-1）。

3）照明装置

a. 光源（反光镜）：位于聚光镜的下方，可向各方向转动，能将来自不同方向的光线反射到聚光器中。反光镜有两个面，一面为平面镜，另一面为凹面镜，凹面镜有聚光作用，适于在较弱光和散射光下使用，光线较强时则选用平面镜（现在有些新型的光学显微镜都有自带光源，而没有反光镜；有的二者都配置）。

b. 聚光器：位于载物台的通光孔的下方，由聚光镜和光圈构成，其主要功能是光线集中到所要观察的标本上。聚光镜由 2 或 3 个透镜组合而成，其作用相当于一个凸透镜，可将光线汇集成束。在聚光器的左下方有一个调节螺旋可使其上升或下降，从而调节光线的强弱，升高聚光器可使光线增强，反之则光线变弱。

光阑也称为彩虹阑或孔径光阑，位于聚光器的下端，是一种能控制进入聚光器的光束大小的可变光阑。它由十几张金属薄片组合排列而成，其外侧有一小柄，可使光圈的孔径开大或缩小，以调节光线的强弱。在光阑的下方常装有滤光片框，可放置不同颜色的滤光片。

3. 普通光学显微镜的使用方法

（1）准备：将显微镜小心地从镜箱中取出（移动显微镜时应以右手握住镜臂，左手托住镜座），放置在实验台的偏左侧，以镜座的后端离实验台边缘 6 ～ 10cm 为宜。首先检查显微镜的各个部件是否完整和正常，如果是镜筒直立式光学显微镜，可使镜筒倾斜一定角度（一般不应超过 45°）以方便观察（观察临时装片时禁止倾斜镜臂）。

（2）低倍镜的使用方法

1）对光：打开实验台上的工作灯（如果是自带光源显微镜，这时应该打开显微镜上的电源开关），转动粗调螺旋，使镜筒略升高（或使载物台下降），调节物镜转换器，使低倍镜转到工作状态（即对准通光孔），当镜头完全到位时，可听到轻微的扣碰声。

打开光阑并使聚光器上升到适当位置（以聚光镜上端透镜平面稍低于载物台平面的高度为宜），然后向着目镜内观察，同时调节反光镜的方向（自带光源显微镜，调节亮度旋钮），使视野内的光线均匀、亮度适中。

2）放置玻片标本：将玻片标本放置到载物台上，用标本移动器上的弹簧夹固定好（注意：使有盖玻片或有标本的一面朝上），然后转动标本移动器调节螺旋，使需要观察的标本部位对准通光孔的中央。

3）调节焦距：用眼睛从侧面注视低倍镜，同时用粗调螺旋使镜头下降（或使载物台上升），直至低倍镜头距玻片标本的距离小于0.6cm（注意操作时必须从侧面注视镜头与玻片的距离，以避免镜头碰破玻片）。然后在目镜上观察，同时用左手慢慢转动粗调螺旋使镜筒上升（或使载物台下降）直至视野中出现物像为止，再转动细调螺旋，至视野中的物像最清晰。

如果需要观察的物像不在视野中央，甚至不在视野内，可用标本移动器前、后、左、右移动标本的位置，使物像进入视野并移至中央。在调焦时如果镜头与玻片标本的距离已超过了1cm还未见到物像时，应严格按上述步骤重新操作。

（3）高倍镜的使用方法

1）在使用高倍镜观察标本前，应先用低倍镜寻找到需观察的物像，并将其移至视野中央，同时调准焦距，使被观察的物像最清晰。

2）转动物镜转换器，直接使高倍镜转到工作状态（对准通光孔），此时，视野中一般可见到不太清晰的物像，只需调节细调螺旋，一般都可使物像清晰。

（4）油镜的使用方法

1）用高倍镜找到所需观察的标本物像，并将需要进一步放大的部分移至视野中央。

2）将聚光器升至最高位置并将光阑开至最大（因油镜所需光线较强）。

3）转动物镜转换器，移开高倍镜，在玻片标本上需观察的部位（载玻片的正面，相当于通光孔的位置）滴一滴香柏油（折射率为1.51）或液状石蜡（折射率为1.47）作为介质，然后在眼睛的注视下，使油镜转至工作状态。此时油镜的下端镜面一般应正好浸在油滴中。

4）注视目镜，同时小心而缓慢地转动细调螺旋（注意：这时只能使用细调螺旋，千万不要使用粗调螺旋）使镜头微微上升（或使载物台微微下降），直至视野中出现清晰的物像。操作时不要反方向转动细调螺旋，以免镜头下降压碎标本或损坏镜头。

5）油镜使用完后，必须及时将镜头上的油擦拭干净。操作时先将油镜升高并将其转离通光孔，先用干擦镜纸揩擦一次，把大部分的油去掉，再用沾有少许清洁剂或二甲苯的擦镜纸擦一次，最后再用干擦镜纸揩擦一次。至于玻片标本上的油，如果是有盖玻片的永久制片，可直接用上述方法擦干净；如果是无盖玻片的标本，则盖玻片上的油可用拉纸法揩擦，即先把一小张擦镜纸盖在油滴上，再往纸上滴几滴清洁剂或二甲苯。趁湿将纸往外拉，如此反复几次即可干净。

4. 使用普通光学显微镜应注意的事项

（1）取用显微镜时，应一只手紧握镜臂，另一只手托住镜座，不要用单手提拿，以避免目镜或其他零部件滑落。

（2）使用镜筒直立式显微镜时，镜筒倾斜的角度不能超过45°，以免重心后移使显微镜倾倒。观察带有液体的临时装片时，应避免液体流到显微镜上。

（3）不可随意拆卸显微镜上的零部件，以免发生丢失、损坏或使灰尘落入镜内。

（4）显微镜的光学部件不可用纱布、手帕、普通纸张或手指揩擦，以免磨损镜面，需要时只能用擦镜纸轻轻擦拭。机械部分可用纱布等擦拭。

（5）在任何时候，特别是使用高倍镜或油镜时，都不要一边在目镜中观察，一边下降镜筒（或上升载物台），以免镜头与玻片相撞，损坏镜头或玻片标本。

（6）显微镜使用完后应及时复原。先升高镜筒（或下降载物台），取下玻片标本，使物镜转离通光孔。如镜筒、载物台是倾斜的，应恢复直立或水平状态。然后下降镜筒（或上升载物台），使物镜与载物台相接近。垂直反光镜，下降聚光器，关小光阑，最后放回镜箱中锁好。

（7）在利用显微镜观察标本时，要养成两眼同时睁开，双手并用（左手操纵调焦螺旋，右手操纵标本移动器）的习惯，必要时应一边观察一边计数或绘图记录。

5. 示教实验　用普通光学显微镜观察永久装片，练习光学显微镜的使用。

四、思考题及作业

1. 使用显微镜观察标本时，为什么必须按从低倍镜到高倍镜，再到油镜的顺序进行？
2. 在调焦时为什么要先将低倍镜与标本表面的距离调节到 6mm 之内？
3. 如果玻片标本放反了，可用高倍镜或油镜找到标本吗？为什么？
4. 怎样才能准确而迅速地在高倍镜或油镜下找到目标？
5. 如果细调螺旋已转至极限而物像仍不清晰时，应该怎么办？
6. 如何判断视野中所见到的污点是在目镜上？
7. 在对低倍镜进行准焦时，如果视野中出现了随标本片移动而移动的颗粒或斑纹，是否将标本移至物镜中央就一定能找到标本的物像？为什么？

实验 2　倒置相差显微镜

一、实 验 目 的

1. 了解倒置相差显微镜的工作原理和用途。
2. 熟悉倒置相差显微镜使用方法。

二、实 验 用 品

1. 材料　海拉（HeLa）细胞。
2. 器材　倒置相差显微镜、培养瓶、擦镜纸、吸水纸、载玻片、盖玻片等。
3. 试剂　1640 培养液（含 10% 小牛血清）。

三、实 验 内 容

1. 倒置相差显微镜的工作原理　波长、频率、振幅、相位是所有波的四种基本属性。在人的视觉中，可见光波的波长（及频率）的变化表现为颜色的不同，振幅变化表现为明暗的不同，而相位的变化是肉眼感觉不到的。当光通过透明的活细胞时，虽然细胞内部结构厚度不同，但波长和振幅几乎没有改变，只是相位有了差别，所以以用普通光学显微镜无法看清未经染色的活细胞的内部细节。

相差显微镜（phase contrast microscope）利用光的衍射和干涉特性，在普通光学显微镜中增加了两个部件：在聚光镜上加了一个环状光阑，在物镜的后焦面加了一个相板，从而使看不到的相位差变成以明暗表示的振幅差。因此，可以用来观察未经染色的活细胞。

　　倒置显微镜（inverted microscope）的光学原理与普通光学显微镜的原理基本相同，它们之间的主要差别是倒置显微镜的光源安装在标本的上方，物镜装载在标本的下方，因此，可以用来观察生长在培养瓶底部的细胞状态。它与相差装置配合，用来观察培养的活细胞。

　　2. 相差装置的调节

　　（1）首先将显微镜合轴。

　　（2）把视野光圈开大至与聚光器光阑边缘一致。

　　（3）将与物镜放大倍数一致的相板插入光路（若相板固化在物镜中则不需要插入相板），选用与物镜放大倍数一致的相环插入（有的是旋入）聚光器中。

　　（4）把调中目镜换入目镜筒中，旋动调中目镜上的调焦环至相板相环的图像清晰（它们分别是明暗的两个圆环图像）。

　　（5）调节聚光器上的相环调中螺钮（注意不要旋动聚光器的调中钮），使两个圆环图像重叠成同心圆状态。此时的相差装置就调节好了，换回目镜即可用于观察。当更换不同倍率的物镜时，都要选用相一致的相板和相环，并重新调中。否则，相差显微成像效果不佳。

　　3. 注意事项

　　（1）载物片或培养瓶必须平整、均匀，标本不能太厚，否则相差显微成像效果不好。

　　（2）标本要在有水的环境中（如培养瓶中有培养液），要用水封片等，成像效果才明显。

　　（3）载物片、培养瓶的表面要干净，否则观察的视野中会显示许多小的圆斑，影响观察效果。

　　（4）光路上最好加单色滤光片，如黄绿色滤光片，在此单色光下，相差显微镜的分辨率最高。

　　4. 用途　倒置相差显微镜主要用于观察正在培养的活细胞，如细胞的生长、运动、发育、分裂、分化、衰老、死亡过程中细胞形态及其内部结构的连续变化。与缩时连续摄影或摄像结合使用，可完整、准确、真实地记录下这些渐变过程。

　　倒置相差显微镜可以观察透明的细胞样品，并提供清晰的观察图像，缺点是会有"光晕"现象的产生，因而导致观察的景深受限制，无法用于观察较厚的样品。

　　5. 示教实验　用倒置相差显微镜观察培养瓶中培养的细胞，注意与普通光学显微镜下（可把培养瓶反转过来将细胞面朝上观察）的相同标本进行比较。

四、思考题及作业

　　1. 简述倒置相差显微镜的主要用途。

　　2. 绘图区别倒置相差显微镜与普通光学显微镜观察到的细胞。

实验3　荧光显微镜

一、实 验 目 的

　　1. 了解荧光显微镜的工作原理和用途。

　　2. 熟悉荧光显微镜的使用方法。

二、实验用品

1. 材料　HeLa 细胞。

2. 器材　荧光显微镜、培养瓶、擦镜纸、滤纸、载玻片、盖玻片、玻片标本、离心机、细胞离心甩片机等。

3. 试剂　4% 多聚甲醛、0.1% ~ 5% Triton X-100、免疫染色封闭液、0.1% 吖啶橙（acridine orange，AO）原液、丙酮、磷酸盐缓冲液（phosphate buffer saline，PBS）、含叠氮钠的 PBS、PBS-T 甘油、封片剂。

4. 主要试剂配制　0.1% 吖啶橙原液：0.1g 吖啶橙加蒸馏水至 100mL。0.01% 吖啶橙染液：将 0.1% 吖啶橙原液用 pH 7.0 PBS 稀释，临用时配制。

三、实 验 内 容

1. 荧光显微镜的工作原理　荧光显微镜（fluorescence microscope）是免疫荧光细胞化学的基本工具，由光源、滤板系统和光学系统等主要部件组成。其利用一定波长的光激发标本发射荧光，可显示标本中的某些化学成分和细胞组分，通过物镜和目镜系统的放大作用观察标本。

某些物质受紫外线照射时可发出荧光，这种物质被称为荧光物质。细胞内含有少数天然荧光物质，如维生素、脂褐素、核黄素等，经紫外线照射后可自发荧光。还有些细胞成分虽然受照射后不发荧光，但可以与某些荧光物质，如酸性品红、甲基绿、吖啶橙等结合，经紫外线照射后可诱发荧光。荧光显微镜就是根据这一现象而设计的显微放大装置，可以观察到这些荧光物质在细胞内的分布位置。

荧光显微镜与普通光学显微镜结构基本相同，主要区别在于光源和滤光片不同。①光源：通常用高压汞灯作为光源，可发出紫外线和短波长的可见光。②二组滤光片：第一组称为激光滤片，位于光源和标本之间，仅允许能激发标本产生荧光的光通过（如紫外线）；第二组是阻断滤片，位于标本与目镜之间，可把剩余的紫外线吸收掉，只让激发出的荧光通过，这样既有利于增强反差，又可保护眼睛，使其免受紫外线的损伤。荧光显微镜不仅可以观察固定的切片标本，还可以进行活体染色观察。

2. 荧光装置的调节

（1）开启电源

1）打开电源开关，当电压表的指针稳定在 220V 时再进行下一步操作。

2）启动高压汞灯：按启动键，汞灯即可燃亮。若尚未燃亮，可多按几次直至燃亮。

3）待 10min 左右汞灯达稳定状态后，再进行操作。移开光帘（向右拉），光线进入光路。

（2）调中光轴

1）将灯前镜摆出光路。

2）用滤光组的 2、3、4 中任一组。

3）放一张玻片标本在载物台上，选择合适的物镜，调焦到成像。

4）关小视场光阑，调凸镜调节杆到光圈，在标本平面上成像。

5）调节聚光器调中钮至光圈图像居中。然后，恢复光圈到与视野等大。

（3）调中光源

1）将灯前镜摆入光路。

2）拨动灯前镜调焦杆，使灯影光斑清晰。

3）先调节灯泡调中钮，至灯影光斑居中，再调节反射镜调中钮，至反射影光斑居中。

4）最后将灯前镜摆出光路，即可正常使用。

3. 注意事项

（1）观察对象必须是可自发荧光或已被荧光染料染色的标本。

（2）载玻片、盖玻片及镜油应不含自发荧光杂质。

（3）选用效果最好的滤片组。

（4）荧光标本一般不能长久保存，若持续长时间照射，尤其是以紫外线长时间照射，易褪色。因此，如有条件则应先照相存档，再仔细观察标本。

（5）启动高压汞灯后，不得在 15min 内将其关闭，一经关闭，必须待汞灯冷却后方可再开启。严禁频繁开关，否则，会大大降低汞灯的寿命。

（6）若暂不观察标本，可拉过阻光光帘阻挡光线。这样，既可避免对标本不必要的长时间照射，又减少了开闭汞灯的频率和次数。

（7）较长时间观察荧光标本时，最好戴能阻挡紫外线的护目镜，加强对眼睛的保护。

4. 荧光显微镜的用途　荧光显微镜技术通常用于检测与荧光染料共价结合的特殊蛋白质或其他分子。由于它的灵敏度高，用极低浓度（ppm 级）荧光染料就可清楚地显示细胞内特定成分，故可进行活体观察。因此，可以用来观察活细胞内物质的吸收与运输，化学物质的分布与定位等。

近年来发展起来的免疫荧光显微技术，可以荧光素标记抗体，利用抗体与细胞表面或内部大分子（抗原）的特异性结合，在荧光显微镜下对细胞内的特异成分进行精确定位研究。

与分光光度计结合构成的显微分光光度计，可对细胞内物质进行定量分析，精确度高，可测得 10^{-15}g 的 DNA 含量。

荧光显微镜技术具有染色简便、使标本色彩鲜艳、敏感度高和特异性强的特点，在细胞生物学研究领域已被广泛应用。

5. 示教实验　HeLa 细胞 DNA 与 RNA 显示（吖啶橙染色）：HeLa 细胞爬片 → 4% 多聚甲醛 10min → 0.01% 吖啶橙染色 5min → 水洗 → 室温干燥（滤纸擦干玻片底面）→ 荧光显微镜观察。

6. 选做实验：细胞免疫荧光染色

（1）细胞准备：对贴壁生长细胞，在传代培养时，将细胞接种到预先放置已处理过的玻片的培养皿中制备细胞爬片，待细胞长成单层后取出玻片，用 PBS 洗涤 2 次；对悬浮生长细胞，取对数生长细胞，用 PBS 离心洗涤（1000r/min，5min）2 次，用细胞离心甩片机制备细胞甩片或直接制备细胞涂片。

（2）固定：根据需要选择适当的固定液（如甲醇和丙酮、4% 多聚甲醛、乙醇等）固定细胞。固定完毕后的细胞可置于含叠氮钠的 PBS 中以 4℃保存 3 个月。固定后用 PBS 洗涤 3 次，每次 5min。

（3）通透：固定后的细胞，一般在加入抗体孵育前，需要对细胞进行通透处理，以保证抗体能够到达抗原部位，细胞质蛋白和细胞核蛋白染色需要进行通透处理，细胞膜蛋白染色不需要进行通透处理。一般选用 0.1% ～ 5% Triton X-100 来做细胞通透，处理时间为 1 ～ 30min，极个别需要 1 ～ 2h。通透后用 PBS 洗涤 3 次，每次 5min。

（4）封闭：以免疫染色封闭液进行封闭，时间一般为30min。

（5）第一抗体（简称一抗）结合：选取具体的抗体，室温孵育1h或者4℃过夜。用PBS-T（含有0.05%Tween-20）漂洗3次，每次冲洗5min。

（6）第二抗体（简称二抗）结合：间接免疫荧光需要使用二抗。室温避光孵育1h。用PBS-T洗涤3次，每次5min，再用蒸馏水漂洗1次。整个过程需要注意避免强光，防止荧光基团的猝灭。

（7）封片与检测：滴加封片剂封片，用荧光显微镜观察。

四、思考题及作业

简述荧光显微镜的主要用途。

实验4 激光共聚焦扫描显微镜

一、实 验 目 的

1. 了解激光共聚焦扫描显微镜的工作原理和用途。
2. 了解激光共聚焦扫描显微镜的使用方法。

二、实 验 用 品

1. 材料 HeLa细胞。
2. 器材 激光共聚焦扫描显微镜、培养瓶、擦镜纸、吸水纸、载玻片、盖玻片等。
3. 试剂 DAPI多色核荧光染料、丙酮、PBS、甘油/PBS封片剂。
4. 主要试剂配制 DAPI多色核荧光染料：0.1mg DAPI加入10mL双蒸水中，充分溶解DAPI制成存储液，4℃可以保存6个月；染色时，取100μL存储液，用PBS按照1∶10的比例稀释到1000μL。

三、实 验 内 容

1. 激光共聚焦扫描显微镜（laser scanning confocal microscope）的工作原理 使用荧光物质标记细胞中的特定成分或结构，不仅使图像清晰与对比度增强，而且由于许多荧光显微镜的光源为短波长的紫外光，大大提高了分辨率（$\delta=0.61\lambda/NA$）。但当所观察的荧光标本稍厚时，普通荧光显微镜不仅接收焦平面上的光量，还接受来自焦平面上方或下方的散射荧光，这些来自焦平面以外的荧光使观察到的图像的反差和分辨率大大降低（即焦平面以外的荧光使结构模糊、发虚，原因是大多数生物学标本是有层次区别的重叠结构）。

激光共聚焦扫描显微镜利用放置在光源后的照明针孔和放置在检测器前的探测针孔实现点照明和点探测，来自光源的光通过照明针孔发出的光聚焦在样品焦平面的某个点上，该点所发射的荧光成像在探测针孔上，该点以外的任何发射光均被探测针孔阻挡。照明针孔与探测针孔对被照射点或被探测点来说是共轭的，因此被探测点即共焦点，被探测点所在的平面即共焦平面。计算机以像点的方式将被探测点显示在计算机屏幕上，为了产生一幅完整的图像，由光路中的扫描系统在样品焦平面上扫描，从而产生一幅清晰完整的共焦图像。只要载物台沿着Z轴（光轴）上下移动，将样品的一个新层面移动到共焦平面上，则样品的新层面又成像在显示器上，随着 Z 轴的不断移动，就可得到样品不同层面连续的光切图像。

激光共聚焦扫描显微镜的每一幅焦平面图像实际上是标本的光学横切面，这个光学横切面总是有一定厚度的，又称为光学薄片。由于焦点处的光强远大于非焦点处的光强，而且非焦平面光被针孔滤去，因此共聚焦系统的景深近似为零，沿 Z 轴方向的扫描可以实现光学断层扫描，形成待观察样品聚焦光斑处二维的光学切片。把 X-Y 平面（焦平面）扫描与 Z 轴扫描相结合，通过累加连续层次的二维图像，经过专门的计算机软件处理，可以获得样品的三维图像。

2. 操作方法

（1）开启仪器电源及光源：一般先开启显微镜和激光器，再启动计算机，然后启动操作软件，设置荧光样品的激发光波长，选择相应的滤光镜组块，以便光电倍增管（photo multiplier tube，PMT）检测器能得到足够的信号。使用汞灯的注意事项同荧光显微镜。

（2）设置相应的扫描方式：在目视模式下调整所用物镜放大倍数，在荧光显微镜下找到需要检测的细胞。切换到扫描模式，调整双孔针和激光强度参数，即可得到清晰的共聚焦图像。

3. 注意事项

（1）仪器周围要远离电磁辐射源。

（2）环境无震动，无强烈的空气扰动。

（3）室内具有遮光系统，保证荧光样品不会被外源光漂白。

（4）环境清洁。

（5）控制工作温度在 5 ~ 25℃。

4. 激光共聚焦扫描显微镜的用途　激光共聚焦扫描显微镜的基本特点：主要以荧光为观察方式，光源是激光（或紫外光、可见光、近红外光），点照明，逐点扫描，共聚焦、逐点成像，可进行实时观测和数字化成像，也可以进行图像处理和定量分析，因此在生命科学研究中有广泛的应用。

（1）免疫荧光标记（单标、双标或三标）的定位、定量：细胞膜受体或抗原的分布，微丝、微管的分布，两种或三种蛋白质的共存与共定位，蛋白质与细胞器的共定位，核转录因子转位和干细胞的增殖、分化等。例如，检测细胞膜流动性可以用荧光光漂白恢复技术；检测细胞凋亡可用 AnnexinV-FITC + PI 荧光染色。

（2）多荧光标记样品的高清晰度、高分辨率图像采集，无损伤、连续光学切片，显微 "CT"，做到真正的三维重组。

（3）细胞或组织内离子动态变化测量：Ca^{2+}、Mg^{2+}、Na^+、K^+ 等的分布和浓度的变化；氧自由基活性的检测；药物进入细胞的动态过程、定位分布及定量；蛋白质的转位等。

5. 示教实验　取 HeLa 细胞爬片 → 预冷丙酮 4℃ 固定 10min → PBS 漂洗 2 次，每次 3min → 滴加 DAPI 多色核荧光染料 100μL 室温避光孵育 30min → PBS 漂洗 3 次，每次 5min → 滴一小滴甘油 /PBS 封片剂（pH 8.5，PBS 和甘油体积比为 1：9）封片 → 激光共聚焦扫描显微镜观察。

6. 选做实验：细胞免疫荧光染色　实验步骤同实验 3 荧光显微镜的选做实验细胞免疫荧光染色，染色后用激光共聚焦扫描显微镜观察。

四、思考题及作业

1. 简述激光共聚焦扫描显微镜的主要用途。
2. 简述激光共聚焦扫描显微镜与普通荧光显微镜的区别。

实验5 透射电子显微镜

一、实 验 目 的

1. 了解透射电子显微镜的工作原理和用途。
2. 了解透射电子显微镜的使用方法。

二、实 验 用 品

透射电子显微镜。

三、实 验 内 容

1. 透射电子显微镜简介 透射电子显微镜（transmission electron microscopy，TEM），简称透射电镜，是以波长极短的电子束作为照明源，用电磁透镜聚焦成像的一种高分辨率、高放大倍数的电子光学仪器。透射电子显微镜的总体工作原理：由电子枪发射出来的电子束，在真空通道中沿着镜体光轴穿越聚光镜，通过聚光镜会聚成一束尖细、明亮而又均匀的光斑，照射在样品室内的样品上；透过样品后的电子束携带有样品内部的结构信息，样品内致密处透过的电子量少，稀疏处透过的电子量多；经过物镜的会聚调焦和初级放大后，电子束进入下级的中间透镜和第 1、第 2 投影镜进行综合放大成像，最终被放大了的电子影像投射在观察室内的荧光屏板上；荧光屏将电子影像转化为可见光影像以供使用者观察。

由于电子的德布罗意波长非常短，透射电子显微镜的分辨率比光学显微镜高得很多，可以达到 0.1 ～ 0.2nm，放大倍数为几万至几百万倍。因此，使用透射电子显微镜可以用于观察样品的精细结构，甚至可以用于观察仅一列原子的结构，比光学显微镜所能够观察到的最小的结构小数万倍。透射电子显微镜观察在物理学和生物学相关的许多科学领域都是重要的分析方法，如在癌症研究、病毒学、材料科学及纳米技术、半导体研究等领域。由于电子易散射或被物体吸收，故穿透力低，样品的密度、厚度等都会影响到最后的成像质量，必须制备更薄的超薄切片，通常为 50 ～ 100nm。所以用透射电子显微镜观察时的样品需要处理得很薄。常用的方法有超薄切片法、冷冻超薄切片法、冷冻蚀刻法、冷冻断裂法等。

2. 透射电子显微镜的主要结构 透射电子显微镜是以电子束作为光线，用电磁透镜聚焦成像，电子穿透样品，获得透射电子信息的电子光学仪器，一般由电子光学系统、真空系统和供电系统三大部分组成。

（1）电子光学系统：镜筒是透射电子显微镜的主体部分，其内部的电子光学系统自上而下顺序排列着电子枪、聚光镜、样品室、物镜、中间镜、投影镜、荧光屏和照相机等装置。根据它们的功能不同又可将电子光学系统分为照明系统、样品室、成像系统和图像观察与记录系统。

1）照明系统：照明系统由电子枪、聚光镜和相应的平移对中、倾斜调节装置组成，其作用是提供一束亮度高、相干性好的照明源。

电子枪：是透射电子显微镜的光源，要求发射的电子束亮度高、电子束斑的尺寸小，发射稳定度高。目前常用的是发射式热阴极三极电子枪，它是由阴极、阳极和栅极组成。阴极为 $0.1 \sim 0.95mm$ 的"V"形钨丝。当加热时，钨丝的温度可高达 2000℃以上，产生热发射电子现象。阴极与阳极之间有高电压，电子在高电压的作用下加速从电子枪中射出，形成电子束。在阴极和阳极之间有一栅极（又称控制极），它与阴极相比有几百至几千伏的负偏压，起着对阴极电子束流发射和稳定控制的作用。同时，由阴极、栅极、阳极所组成的三极静电透镜系统对阴极发射的电子束起着聚焦的作用。电子束在阳极孔附近形成一个直径小于 $50\mu m$ 的第一交叉点，即通常所说的电子源，或称为点光源。

聚光镜：在光学显微镜中，旋转对称的玻璃透镜可使可见光聚焦成像，而特殊分布的电场、磁场也具有玻璃透镜类似的作用，可使电子束聚焦成像。人们把用静电场做成的透镜称为"静电透镜"（如电子枪中三极静电透镜）；把用电磁场做成的透镜称为"电磁透镜"。透射电子显微镜的聚光镜、物镜、中间镜和投影镜均是"电磁透镜"。聚光镜的作用是会聚从电子枪发射出来的电子束，控制束斑尺寸和照明孔径角。另外，为了能方便地调整电子束的照明位置，在聚光镜与样品之间设有一个电子束对中装置，实施电子束平移和倾斜调整。

2）样品室：样品室的主要作用是承载样品台，并能使样品移动，以便选择感兴趣的样品视域。样品室内还可分别装上具有加热、冷却或拉伸等各种功能的侧插式样品座，以满足相变、形变等过程的动态观察。

3）成像系统：成像系统由物镜、中间镜和投影镜组成。物镜是成像系统的第一级透镜，它的分辨能力决定了透射电子显微镜的分辨率。因此，为了获得最高分辨率、高质量的图像，物镜采用强激磁、短焦距透镜以减少像差，借助物镜光阑降低球差，提高衬度，配有消像散器消除像散。中间镜和投影镜是将来自物镜的样品形貌像或衍射花样进行分级放大。

4）图像观察与记录系统：该系统由荧光屏、照相机和数据显示器等组成。投影镜给出的最终像显示在荧光屏上以便被观察，当荧光屏被竖起时，最终像就被记录在其下方的照相底片上。

（2）真空系统和供电系统：真空系统由机械泵、油扩散泵、换向阀门、真空测量仪泵及真空管道组成。其作用是排除镜筒内气体，保证电子在镜筒内整个狭长的通道中不与空气分子碰撞而改变电子原有的轨迹，同时也可保证高压稳定度和防止样品污染。不同的电子枪要求不同的真空度。一般常用机械泵加上油扩散泵抽真空，为了降低真空室内残余油蒸气含量或提高真空度，可采用双扩散泵或改用无油的涡轮分子泵。

供电系统主要提供稳定的加速电压和电磁透镜电流。加速电压和电磁透镜电流不稳定将会产生严重的色差及降低电子显微镜的分辨能力，所以加速电压和电磁透镜电流的稳定性是衡量电子显微镜性能好坏的一个重要标准。为了有效地减小色差，一般要求加速电压稳定度为 $10^{-6} \sim 10^{-3}/min$。物镜是决定显微镜分辨能力的关键，对物镜电流稳定度要求更高，一般为 $2\times10^{-6}/min$，对中间镜和投影镜电流稳定度要求可比物镜低，约为 $5\times10^{-6}/min$。

3. 透射电子显微镜在生物医学领域中的应用　17 世纪光学显微镜的发明，促进了细胞学的发展，20 世纪电子显微镜的发明，揭开了病毒和细胞亚显微结构的奥妙。在生物医学领域可以利用高性能的透射电子显微镜观察细胞中各种细胞器的超微结构，如内质网、线粒体、高尔基体、溶酶体和细胞骨架系统等，研究细胞结构和功能的关系，探索细胞的通信与运输、分裂与分化、增殖与调控等生命活动的规律，还可以观察细菌、病毒、支原体、生物大分子等的超微结构，对探明病因和治疗疾病有很大帮助。

（1）细胞学研究：由于超薄切片技术的出现和发展，人类利用透射电子显微镜对细胞进行了更深入的研究，观察到了过去无法看清楚的细胞超微结构。例如，用透射电子显微镜观察到了生物膜的三层结构及细胞内的各种细胞器的形态学结构等。

（2）发现和识别病毒：许多病毒是用透射电子显微镜发现的，且透射电子显微镜为病毒的分类提供了最直观的依据。例如，曾肆虐全球的 SARS 病毒就是首先在透射电子显微镜下观察到并确认是病毒而不是支原体的。

（3）临床病理诊断：生物体发生疾病都会导致细胞发生形态和功能上的改变，通过对病变区细胞的透射电子显微镜观察就可以为疾病诊断提供有力依据。例如，目前透射电子显微镜在肾活检、肿瘤诊治中发挥了重要作用。

（4）与生命科学中新兴起的技术相结合，促进了新技术的应用：例如，透射电子显微镜技术与免疫学技术相结合产生了免疫电镜技术，它可以对细胞表面及细胞内部的抗原进行定位，可以了解抗体合成过程中免疫球蛋白的分布情况等。

4. 透射电子显微镜样品制备技术

（1）常用的样品制备技术

1）超薄切片技术（ultramicrotomy）：是透射电子显微镜样品制备方法中最基本的一种。电子束穿透能力的限制使透射电子显微镜观察的样品必须很薄，普通光学显微镜切片厚度为 3～5μm，而透射电子显微镜切片厚度则要求在 50～80nm，这种薄切片称为超薄切片。超薄切片技术包括取材、固定、脱水、浸透、包埋、切片及染色。透射电子显微镜样品采用戊二醛和锇酸双重固定，用乙醇或丙酮脱水，用环氧树脂进行包埋，用超薄切片机切片，采用重金属如铀和铅进行染色以增加细胞结构间的反差。

2）负染色技术（negative stain technique）：又称阴性染色，是透射电子显微镜样品制备技术中的一种。此技术是指通过重金属盐在样品四周堆积而加强样品外周的电子密度，使样品显示负反差，衬托出样品的形态和大小。常用的重金属有磷钨酸钠、乙酸铀等。负染色技术主要用于细菌、病毒、噬菌体等微生物大分子结构和亚细胞碎片及分离的细胞器等研究工作。负染色样品不需固定、脱水包埋和超薄切片等复杂操作，而是直接对沉降的样品匀浆悬浮液进行染色。

3）冷冻蚀刻技术（freeze-etching technique）：又称冷冻复型，是透射电子显微镜样品制备技术的一种，是将样品经快速冷冻→断裂→升华→喷铂→喷碳而最终形成一层印有生物样品断裂面立体结构的复型膜，然后将生物样品腐蚀掉，用铜网将复型膜捞起进行透射电子显微镜观察。冷冻蚀刻技术能保持细胞原来的结构，立体感鲜明，主要用于生物膜的研究。

（2）样品制备步骤及注意事项

1）取材：为了使细胞结构尽可能保持天然状态，必须做到快、小、冷、准。动作迅速，组织从活体取下后应在最短的时间内（争取在 1min 内）投入 2.5% 戊二醛固定液。所取组织的体积要小，一般不超过 1mm³，也可将组织修成 1mm×1mm×2mm 的长条，因为固定剂的渗透能力较弱，组织块如果太大，内部将不能得到良好的固定。操作最好在 0～4℃下进行，以降低酶的活性，防止细胞自溶。取材部位要准确。对组织的机械损伤要小，解剖器械应锋利，操作宜轻，避免牵拉、挫伤与挤压。

a. 动物组织取材：解剖出所需组织器官，用解剖剪刀剪取一小块组织，放在干净的纸板上，滴一滴冷却的固定液，用新的、无油污的锋利双面刀片将材料切成 1mm³ 的小块，最后用牙签将这些小块逐一放入盛有预冷的、新鲜固定液中，于 4℃ 冰箱中固定 2h 以上。

b. 体外培养细胞的取材：培养在培养瓶中的细胞取材时，以胰酶消化或用刮刀轻轻刮下瓶壁上的细胞，将细胞悬液转移到离心管中，用离心机 4℃ 低速离心使细胞聚成团块，弃去上清液，沿壁小心加入新鲜的固定液，保持细胞成团状态，于 4℃ 冰箱中固定 2h 以上。或用原位包埋法，将细胞培养在小盖玻片上，然后连同小盖玻片一起进行固定。

c. 血液及其他悬浮细胞：对于血液及其他细胞悬浮液，不宜直接固定，可在取材后将其放入离心管，以 2000～4000 r/min 的速度离心 10～15min，待样品在离心管底部集结成团块状后，用吸管吸出上清液，再缓缓滴入固定液稍加固定，然后用刮铲将样品取出并切割成小块，再行固定。

d. 植物组织取材：植物组织的取材比较容易，它的细胞离体后变化不像动物细胞那么迅速，但植物细胞的细胞壁阻碍固定液的迅速渗透，因此，植物组织宜切成薄片状或牙签状，经适当的固定后再切成小方块。

e. 细菌及藻类等样品取材：对于不易成团的样品，需先清洗，加入固定液后吹散，置于 4℃ 冰箱中固定 2h，固定结束后，用 PBS 清洗 3 次，进行琼脂预固定，再将琼脂预包埋后的样品于 4℃ 冰箱中固定过夜。

2）固定：目的是把细胞在活体状态时的超微结构细节尽可能完整地保存下来，避免自身酶的分解而出现自溶，或因外界微生物的入侵繁殖而产生腐败，导致细胞的超微结构遭受破坏。同时也使细胞内的各种成分固定下来，避免在以后的冲洗和脱水时溶解和流失。目前常用戊二醛先固定，再用锇酸后固定：用 2.5% 的戊二醛固定 2h 或 4℃ 固定过夜，用 PBS 清洗 3 次，每次 10min，再用 1%～2% 的锇酸固定 2～3h（根据不同组织，可适当延长固定时间），用 PBS 清洗 3 次，每次 10min。

锇酸能与细胞内大部分成分反应，且能够保护脂肪，但对碳水化合物、糖类和核酸保护作用差。锇酸渗透差，分子密度大，经锇酸固定的组织在电镜下能获得较好反差。锇酸为剧毒、极易挥发的试剂，对呼吸道有强烈刺激作用，必须在通风橱中操作，废液必须收集在密闭容器中。常用的锇酸溶液为 2% 的储备液，使用前需用 0.2mol/L PBS 稀释成 1% 的锇酸溶液。

3）脱水：是将组织中的游离水彻底清除的过程。由于常用的包埋剂如环氧树脂，大多都是非水溶性树脂，故只有将生物组织中的游离水清除干净，包埋剂才能浸入组织，常用的脱水剂是乙醇和丙酮。乙醇对细胞物质抽提少，组织收缩也少，但它和环氧树脂互溶性差，因此使用乙醇脱水时须用环氧丙烷作为中间溶剂。丙酮和乙醇、环氧丙烷互溶，所以通常采用先用乙醇再用丙酮的脱水方法。急剧脱水会引起细胞收缩，因此应逐级脱水（用 50%、70%、80%、90% 乙醇梯度脱水各 15min，再用 100% 乙醇脱水 3 次，每次 30min）而不能急剧脱水。更换溶液时动作要快，特别是不要让组织离开溶液，否则会在组织内外产生气泡；若要长时间停留在脱水过程中或过夜，应将组织存放在 70% 乙醇或丙酮中，并在4℃保存。乙醇梯度脱水后以丙酮置换3次，每次30min。

4）包埋

a. 渗透：用包埋剂逐渐取代组织中的脱水剂，使细胞内外空隙被包埋剂所填充，常用流程为丙酮：包埋剂=3∶1的渗透液渗透（动物样品1h，植物样品2～3h）；丙酮：包埋剂=1∶1的渗透液渗透（动物样品1h，植物样品2～3h）；丙酮：包埋剂=1∶3的渗透液渗透（动物样品4h，植物样品12～24h）；纯包埋剂渗透（动物样品4h，植物样品12～24h）。

b. 包埋：以包埋剂完全浸透到组织内部，经加温逐渐聚合成坚硬固体。理想包埋剂应黏稠适中、有良好切割性、能经受电子轰击、透明度较好、对人体无害，目前常用的是国产环氧树脂618、Epon 812环氧树脂和低黏度包埋剂Spurr。包埋过程中应注意所有容器及玻璃棒等应是清洁和干燥的；配制过程中应搅拌均匀，使用过程中应避免异物，特别是避免水、乙醇、丙酮等混入包埋剂；配制好的包埋剂应密封保存，避免受潮，剩余包埋剂可密封并储存在 -20～-10℃冰箱中，延长使用期。包埋方法：将待观察的样品块放入灌满包埋剂的适当模具（如胶囊）中，恒温箱内加温固化，Spurr在70℃烤箱内加热，8h即可固化，环氧树脂618和Epon 812环氧树脂在37℃条件下过夜，经45℃加热12h、60℃加热24h即可固化。将包埋固化后的样品取出，用超薄切片机切片。

5）超薄切片

a. 修块：首先粗修，把多余树脂磨掉，然后在双筒镜下把端面修平，使组织面暴露，然后再修成45°四面锥体。顶端面可修成长方形或梯形，注意上、下面平行。半薄切片顶端面积以1～2mm^{2}为宜，修成直角梯形便于定位。

b. 切片：固定好组织块，调整刀的高低、角度和刀刃位置，调整刀槽内的液面，调整组织块与刀的距离，选择切片速度及厚度。可根据干涉色判断切片厚度：灰色为切片厚度40～50nm、银白色为切片厚度50～70nm、金黄色为切片厚度70～90nm、紫色为切片厚度90nm以上。灰色、银白色较薄，但反差小，金黄色分辨率低，反差好，紫色太厚，一般不用于观察。

6）染色

a. 乙酸铀：是目前应用最广泛的染色剂，能和大多数成分相结合，对核酸、核蛋白、结缔组织纤维、糖原、分泌颗粒、溶酶体均可染色，但对膜结构染色效果较差。乙酸铀在水中和乙醇中溶解度较差，一般用50%或70%乙醇或丙酮配制成2%～3%的溶液。组织块染色1～2h，切片染色30min即可。长时间染色可引起糖原抽提和组织变形。

b. 柠檬酸铅：铅染色应用也很普遍，它具有很高的电子密度，对细胞超微结构均有广泛的亲和力，能提高细胞膜系统及脂类反差。铅染液易与空气中二氧化碳接触形成碳酸铅沉淀，污染切片。一般染色10～20min即可，长时间染色可使反差全部增强，不利于观察。

7）观察：开启透射电子显微镜，至抽好真空，调试仪器后，将超薄切片分散于载网上，送样观察。先在低倍镜下观察样品的整体情况，然后在选择好的区域放大。变换放大倍数后，要重新聚焦。将有价值的信息以拍照的方式记录下来，并记录观察要点和拍照结果。根据制样条件、观察结果及样品的特性等综合分析，对图片进行解析。

5. 示教实验　参观透射电子显微镜实验室，由专业技术人员介绍。

四、思考题及作业

简述透射电子显微镜技术的主要用途。

实验6 扫描电子显微镜

一、实验目的

1. 了解扫描电子显微镜的工作原理和用途。
2. 了解扫描电子显微镜使用方法。

二、实验用品

扫描电子显微镜。

三、实验内容

1. 扫描电子显微镜简介 扫描电子显微镜（scanning electron microscope，SEM），简称扫描电镜，是一种利用电子束扫描样品表面从而获得样品信息的电子显微镜。它能产生样品表面的高分辨率图像，且图像呈三维，可用于鉴定样品的表面结构。

扫描电子显微镜的工作原理是用一束极细的电子束扫描样品，在样品表面激发出次级电子，次级电子的多少与电子束入射角有关，也就是说与样品的表面结构有关，次级电子由探测体收集，并在那里被闪烁器转变为光信号，再经光电倍增管和放大器转变为电信号来控制荧光屏上电子束的强度，显示出与电子束同步的三维扫描图像。图像为立体形象，反映了标本的表面结构。为了使标本表面发射出次级电子，标本在固定、脱水后，要喷涂上一层重金属微粒，重金属在电子束的轰击下发出次级电子信号。

2. 扫描电子显微镜的主要结构 扫描电子显微镜由电子光学系统、信号收集及显示系统、真空系统及电源系统组成。

（1）电子光学系统：电子光学系统由电子枪、电磁透镜、扫描线圈和样品室等部件组成。其作用是获得作为产生物理信号激发源的扫描电子束。为了获得较高的信号强度和图像分辨率，扫描电子束应具有较高的亮度和尽可能小的束斑直径。

1）电子枪：其作用是利用阴极与阳极灯丝间的高压产生高能量的电子束。目前大多数扫描电子显微镜采用热阴极电子枪。其优点是灯丝价格较便宜，对真空度要求不高，缺点是钨丝热电子发射效率低，发射源直径较大，即使经过二级或三级聚光镜，在样品表面上的电子束斑直径也在 5～7nm，因此仪器分辨率受到限制。现在，高等级扫描电子显微镜采用六硼化镧（LaB_6）或场发射电子枪，使二次电子像的分辨率达到 2nm。但这种电子枪要求很高的真空度。

2）电磁透镜：其作用主要是把电子枪的束斑逐渐缩小，把原来直径约为 50mm 的束斑缩小成一个只有数纳米的细小束斑。其工作原理与透射电子显微镜中的电磁透镜相同。扫描电子显微镜一般有三个聚光镜，前两个透镜是强透镜，用来缩小电子束光斑尺寸；第三个聚光镜是弱透镜，具有较长的焦距，在该透镜下方放置样品可避免磁场对二次电子轨迹的干扰。

3）扫描线圈：其作用是提供入射电子束在样品表面上及阴极射线管内电子束在荧光

屏上的同步扫描信号。改变入射电子束在样品表面的扫描振幅，以获得所需放大倍率的扫描像。扫描线圈是扫描电子显微镜的一个重要组件，它一般放在最后两个透镜之间，也有的放在末级透镜的空间内。

4）样品室：主要部件是样品台。它能进行三维空间的移动，还能倾斜和转动，样品台移动范围一般可达 40mm，倾斜范围至少在 50° 左右，转动 360°。样品室中还要安置各种型号检测器。信号的收集效率和相应检测器的安放位置有很大关系。样品台还可以带有多种附件，如样品在样品台上加热、冷却或拉伸，可进行动态观察。近年来，为适应断口实物等大零件的需要，还开发了可放置直径在 125mm 以上样品的大样品台。

（2）信号收集及显示系统：其作用是检测样品在入射电子作用下产生的物理信号，然后经视频放大作为显像系统的调制信号。不同的物理信号需要不同类型的检测系统，大致可分为三类：电子检测器、应急荧光检测器和 X 射线检测器。在扫描电子显微镜中最普遍使用的是电子检测器，它由闪烁体、光导管和光电倍增器所组成。

当信号电子进入闪烁体时将引起电离，当离子与自由电子复合时产生可见光。光子沿着没有吸收的光导管传送到光电倍增器进行放大并转变成电流信号输出，电流信号经视频放大器放大后就成为调制信号。由于镜筒中的电子束和显像管中的电子束是同步扫描，荧光屏上的亮度是根据样品上被激发出来的信号强度来调制的，而由检测器接收的信号强度随样品表面状况不同而变化，那么由信号监测系统输出的反映样品表面状态的调制信号在图像显示和记录系统中就转换成一幅与样品表面特征一致的放大的扫描像。

（3）真空系统及电源系统：真空系统的作用是保证电子光学系统正常工作，若防止样品污染需提供高的真空度，一般情况下要求保持 $10^{-5} \sim 10^{-4}$mmHg 的真空度。电源系统由稳压、稳流及相应的安全保护电路所组成，其作用是提供扫描电子显微镜各部分所需的电源。

3. 扫描电子显微镜在生物医学领域中的应用　主要用于生物样本三维形貌的观察和分析，如细胞表面、组织或器官的上皮表面、微生物、花粉等。随着扫描电子显微镜技术的逐步改善，其在医学生物学的研究中发挥了巨大作用。例如，冷冻割断法、化学消化法及树脂铸型法等新技术的创建，使人们在扫描电子显微镜下可以直接观察组织细胞内部超微结构的立体图像，能够显示器官内微血管和其他管道系统在组织内的三维构筑，为医学生物学亚显微领域的深入研究提供了更为良好的条件。扫描电子显微镜也广泛地应用于微生物学研究的各领域，为微生物资源的利用，微生物生物技术、遗传工程、环境保护等提供了大量直观的、有科研价值的形态学依据。

4. 扫描电子显微镜样品制备技术　扫描电子显微镜主要用于观察样品表面几何形貌。一般扫描电子显微镜生物样品制备过程包括取材、固定、脱水、干燥及导电处理等步骤。取材时应尽量保护待观察的样品表面，并且避免样品表面在清洗过程中的人为损伤。一般生物样品需经干燥后才能在扫描电子显微镜下观察。由于表面张力的作用，含水量大的生物样品在自然干燥过程中，其表面形貌将发生严重变形。

为了观察生物样品真实的表面形貌，通常采用临界点干燥法对样品进行干燥处理。在一定的温度和压力下，物质的液态和气态界面将会消失，液态瞬间转化为气态，形成非液非固的状态，即达到临界点状态。在临界点时，表面张力消失，分子间的内聚力等于零，而在显微尺度上，表面张力对生物材料形态的影响十分强大。液 - 气界面上表面张力的作用是造成生物样品收缩的主要原因。因此，利用临界点状态对样本进行干燥，理论上不会产生收缩和形变。因此，对生物样品进行临界点干燥，可以较好地保护其表面形貌。

通常选择 CO_2 作为生物样品临界点干燥的工作介质。固定、脱水后的样品需经过乙酸异戊酯处理，然后利用临界点干燥仪对样品进行干燥。

由于生物样品导电性低，未经过导电处理的样品在扫描电子显微镜下观察时会产生荷电现象，从而影响观察和照相记录。为了减少荷电效应，对生物样品表面要进行导电处理，通常使用离子溅射仪在样品表面喷镀金属导电薄层。喷镀的金属包括金（Au）、铂（Pt）及其合金等，喷镀导电薄层厚度在 10nm 左右为宜。对于花粉粒等含水量较少的生物样品，可以经过自然干燥后在扫描电子显微镜下观察。

（1）组织样品的制备

1）样品的初步处理

a. 取材：样品面积为 8mm×8mm，厚度为 5mm。对于易卷曲的样品如血管、胃肠道黏膜等，可将其固定在滤纸或卡片纸上，以充分暴露待观察的组织表面。

b. 清洗：用扫描电子显微镜观察的部位常常是样品的表面，样品取自活体组织，其表面常有血液、组织液或黏液附着，这会遮盖样品的表面结构，影响观察。因此，在样品固定之前，要将这些附着物清洗干净。常用等渗的生理盐水或缓冲液清洗、5% 的苏打水清洗、超声震荡或酶消化的方法进行处理。注意在清洗时不要损伤样品。

c. 固定：固定样品的常用方法为戊二醛及锇酸双固定法。由于样品体积较大，固定时间应适当延长，也可用快速冷冻法固定。

d. 脱水：样品经漂洗后用逐级增高浓度的乙醇或丙酮脱水，然后进入中间液，一般用乙酸异戊酯作中间液。

2）样品的干燥：扫描电子显微镜观察样品要求在高真空中进行。无论是水或脱水溶液，在高真空中都会产生剧烈的汽化，不仅影响真空度、污染样品，还会破坏样品的微细结构。因此，样品在用电镜观察之前必须进行干燥。干燥的方法有以下几种：空气干燥法、临界点干燥法和冷冻干燥法。

a. 空气干燥法又称自然干燥法，就是让经过脱水的样品暴露在空气中使脱水剂逐渐挥发干燥，优点是简便易行和节省时间，缺点是在干燥过程中，组织会由于脱水剂挥发时表面张力的作用而产生收缩变形，该方法一般只适用于表面较为坚硬的样品。

b. 临界点干燥法是利用物质在临界状态时，其表面张力等于零的特性，使样品的液体完全汽化，并以气体方式排掉，来达到完全干燥的目的，这样就可以避免表面张力的影响，较好地保存样品的微细结构，是最为常用的干燥方法，在临界点干燥仪中进行，操作步骤如下所示。

固定、脱水：按常规方法进行，如样品是用乙醇脱水的，在脱水至 100% 后，要用纯丙酮置换 15 ～ 20min。

转入中间液：由纯丙酮转入中间液乙酸异戊酯中，时间为 15 ～ 30min。

移至样品室：将样品从乙酸异戊酯中取出，放入样品盒，然后移至临界点干燥仪的样品室内，盖上盖并拧紧以防漏气。

用液体二氧化碳置换乙酸异戊酯：在达到临界状态后，将温度再升高 10℃，使液体二氧化碳气化，然后打开放气阀门，逐渐排出气体，样品即完全干燥。

c. 冷冻干燥法是将经过冷冻的样品置于高真空中，通过升华除去样品中的水分或脱水剂的过程。冷冻干燥的基础是冰从样品中升华，即水分从固态直接转化为气态，不经过中间的液态，不存在气相和液相之间的表面张力对样品的作用，从而减轻在干燥过程中对样品的损伤。冷冻干燥法有两种，即含水样品直接冷冻干燥和样品脱水后冷冻干燥。

含水样品直接冷冻干燥法：常规取材固定后置于冷冻保护剂（10%～20%二甲基亚砜水溶液或15%～40%甘油水溶液）中浸泡数小时；将经过保护剂处理的样品迅速投入用液氮预冷至-150℃的氟利昂冷冻剂中骤冷，使样品中的水分很快冻结；将已冻结的样品移到冷冻干燥器内已预冷的样品台上，抽真空，经几小时或数天后，样品即达到干燥。本方法不需要脱水，避免了有机溶剂对样品成分的抽提作用，不会使样品收缩，也是较早使用的方法。但是，由于花费时间长，消耗液氮多，容易产生冰晶损伤，因此未被广泛应用。

样品脱水后冷冻干燥：样品用乙醇或丙酮脱水后过渡到某些易挥发的有机溶剂中，然后连同这些溶剂一起冷冻并在真空中升华而达到干燥。本方法的优点是不会产生冰晶损伤，且干燥时间短。不足之处是有机溶剂对样品成分有抽提作用，造成部分内含物丢失。

3）样品的导电处理：生物样品经过脱水、干燥处理后，其表面不带电荷，导电性能也变差。用扫描电子显微镜观察，当入射电子束打到样品上时，会在样品表面产生电荷的积累，形成充电和放电效应，影响对图像的观察和拍照记录。因此在观察之前要进行导电处理，使样品表面导电。常用的导电方法有以下几种。

a. 金属镀膜法是采用特殊装置将电阻率小的金属，如金、铂、钯等蒸发后覆盖在样品表面的方法。样品镀以金属膜后，不仅可以防止充电、放电效应，还可以减少电子束对样品的损伤作用，增加二次电子的产生率，获得良好的图像。金属镀膜法包括真空镀膜法和离子溅射镀膜法。

真空镀膜法：利用真空镀膜仪进行。其工作原理是在高真空状态下把所要喷镀的金属加热，当金属被加热到熔点以上时，会蒸发成极细小的颗粒喷射到样品上，在样品表面形成一层金属膜，使样品导电。喷镀用的金属材料应具有熔点低、化学性能稳定、在高温下和钨不起作用及有高的二次电子产生率、膜本身没有结构等特点。金属膜的厚度一般为10～20nm。真空镀膜法所形成的膜，金属颗粒较粗，膜不够均匀，操作较复杂并且费时，目前已经较少使用。

离子溅射镀膜法：在低真空状态下，在阳极与阴极两个电极之间加上几百至上千伏的直流电压时，电极之间会产生辉光放电。在放电的过程中，气体分子被电离成带正电荷的阳离子和带负电荷的电子，并在电场的作用下，阳离子被加速跑向阴极，而电子被加速跑向阳极。如果阴极用金属作为电极，那么在阳离子冲击其表面时，就会将其表面的金属粒子打出，这种现象称为溅射。此时被溅射的金属粒子是中性，不受电场的作用，靠重力作用下落。如果将样品置于下面，被溅射的金属粒子就会落到样品表面，形成一层金属膜，用这种方法给样品表面镀膜，称为离子溅射镀膜法。其优点：会给样品表面均匀镀上一层金属膜，对于表面凹凸不平的样品，也能形成很好的金属膜，且颗粒较细；受辐射热影响较小，对样品的损伤小；消耗金属少；所需真空度低，节省时间。

b. 组织导电法是用金属镀膜法使样品表面导电，需要特殊的设备，操作比较复杂，同时对样品有一定程度的损伤。为了克服这些不足，开发了组织导电法（又称导电染色法），即利用某些金属溶液对生物样品中的蛋白质、脂类和糖类等成分的结合作用，使样品表面离子化或产生导电性能好的金属盐类化合物，从而提高样品耐受电子束轰击的能力和导电率。此法的基本处理过程是先固定、清洗样品，再用特殊的试剂处理。由于不经过金属镀膜，所以不仅能节省时间，而且能提高分辨率，还具有坚韧组织、加强固定效果的作用。组织导电法主要有碘化钾导电染色法、碘化钾-乙酸铅导电法、丹宁酸-锇酸导电法等。比较常用的是丹宁酸 - 锇酸导电法，其具体操作方法如下：按常规方法取材、清洗及用戊二醛固定；将样品放入 2%～4% 丹宁酸溶液中浸泡进行导电染色，如果观察表面结构，浸泡时间为 30min，如果观察内部结构，浸泡时间为 8h；用磷酸缓冲液充分清洗，然后放入 1% 锇酸中再固定 2～4h，再用磷酸缓冲液清洗；常规脱水和干燥；扫描电子显微镜观察。

4）观察：开启扫描电子显微镜，等待真空度达到工作状态，调试仪器后，将样品用导电胶装固在样品台上，送样观察。根据样品特性和研究区域大小，选取适当的工作距离与放大倍数，进行照相记录。根据制样条件、观察结果及样品的特性等综合分析，对图片进行解析。

（2）微生物样品的制备

1）细菌：取液体或固体培养基中培养 20h 左右、旺盛生长的菌体。取液体培养基中菌体的方法：可取培养液 8000r/min 离心 3～5min，弃上清液，用戊二醛固定液固定。取固体培养基上菌体的方法：可在菌落表面滴几滴戊二醛固定液，轻刮菌落（注意不要刮下培养基），将菌液吸入小离心管，离心后用戊二醛固定液固定。按常规方法固定、脱水、临界点干燥、导电处理后进行扫描电子显微镜观察。

2）霉菌：取在固体培养基上旺盛生长的菌落。在菌落四周用刀片划 5mm×5mm 小块，用刀片将小块挑出，切成 2mm 厚的薄片，投入戊二醛固定液固定。按常规方法固定、脱水、临界点干燥、导电处理后进行扫描电子显微镜观察。

5. 示教实验　参观扫描电子显微镜实验室，由专业技术人员介绍。

四、思考题及作业

简述扫描电子显微镜技术的主要用途。

实验 7　冷冻电子显微镜技术

一、实验目的

1. 了解冷冻电子显微镜技术的工作原理和用途。
2. 了解冷冻电子显微镜技术的分类。

二、实验用品

冷冻电子显微镜。

三、实验内容

1. 冷冻电子显微镜技术简介　虽然大量的基因序列得到阐明，但生物大分子如何从基因转录、翻译、加工、折叠、组装到形成有功能的结构单元，如何在原子水平上解释核酸 - 蛋白质，蛋白质 - 蛋白质之间的相互作用，阐明由这些生物大分子和复合物所行使的生物学功能，尚需进一步的研究。通过对核酸、蛋白质及其复合物的结构解析，人们对它们的功能的理解更加透彻，就可以根据它们发挥功能的结构基础有针对性地进行药物设计、基因改造、疫苗研制开发，甚至人工构建蛋白质等工作，从而对制药、医疗、疾病防治、生物化工等诸多方面产生巨大的推动作用。

20 世纪 70 年代，科学家们首次提出了冷冻电子显微镜技术（cryo-electron microscopy）的概念、原理、方法及流程，并利用冷冻电子显微镜研究病毒分子的结构。到了 20 世纪 90 年代，随着冷冻传输装置、场发射电子枪及 CDD 成像装置的出现，冷冻电子显微镜单颗粒技术出现。21 世纪初，冷冻电子显微镜技术进一步发展，利用三维重构技术获得了二十面体病毒的三维结构，但此时冷冻电子显微镜的分辨率水平依然没有得到突破，这限制了冷冻电子显微镜在生物大分子领域的应用，虽然冷冻电子显微镜和 X 射线晶体学、核磁共振被称作结构生物学研究的三大利器，但不得不承认冷冻电子显微镜是三者当中最弱的一种技术手段，在现在已解析的一千多种膜蛋白结构当中，90% 以上都采用的是 X 射线晶体学方法，核磁共振在小分子量的蛋白质结构解析中也发挥了重要的作用，而冷冻电子显微镜在蛋白质结构解析当中所起的作用微乎其微。然而，X 射线晶体学和核磁共振都面临不少限制。核磁共振仅适用于相对较小的蛋白质，X 射线晶体学需要目标分子才能形成高质量的晶体，就算这样也只能得到结晶态分子的结构，而无法反映生物分子的动态变化，而相当数量的生物分子无法形成良好的晶体。电子显微镜在被发明之后的很长一段时间之内，都无法用于生物材料的结构表征，电子显微镜的电子束能量高，而且操作要求真空和脱水，这些让脆弱的生物分子无法承受。

1968 年，英国剑桥大学 MRC 分子生物学实验室的 Aaron Klug（以下简称 Klug）博士等利用电子显微镜照片重构噬菌体三维结构，提出了电子显微镜三维重构技术。Klug 博士也因开发晶体电子显微镜方法而获 1982 年诺贝尔化学奖。1974 年，加州大学伯克利分校的 Robert Glaeser 教授和他的学生 Kenneth A. Taylor 首次提出了冷冻电子显微镜技术，成功实现了冷冻含水生物样品的电子显微镜成像，在超低温条件下可有效降低电子辐射对冰冻样品的结构破坏并可维持高真空度。

冷冻电子显微镜的基本原理就是先把样品冰冻，然后保持超低温进入电子显微镜，用高度相干的电子照射样品，电子穿透样品和附近的冰层并被散射，探测器和透镜系统将散射信号转换为放大的图像并记录下来，最后进行三维重构，从二维图像通过计算得到样品的三维结构。尽管在超低温的条件下，电子带来的辐射损伤被有效地控制到一定程度，但由于脆弱的生物分子样品所能承受的辐射剂量有限，导致检测的信噪比很低。另外，随着观测的进行，额外的电子会累积而造成分子的移动，导致获得的图像变得模糊。简单地说，最初冷冻电子显微镜的分辨率比较低，只能用来分析相对较大的样品结构，比如病毒颗粒。

1975 年，Richard Henderson（以下简称 Henderson）教授等在 Klug 博士工作基础上通过电子显微镜获得膜蛋白细菌视紫红质（bacteriorhodopsin）的三维结构，分辨率达到了 7Å，这在当时已经是很了不起的成就，但与 X 射线晶体学能提供的 3Å 分辨率相比，还是显得相当粗糙。Henderson 教授显然并不满足，随着电子显微镜技术及样品冷冻技术的发展，1990 年，他终于通过冷冻电子显微镜技术获得了第一张分辨率在原子级别的蛋白质结构图像，这一工作证明了冷冻电子显微镜一样可以像 X 射线晶体学那样提供高分辨率的生物分子结构信息。

但结构规整的细菌视紫红质的成功在某种程度上只能算是一个例外，如何才能将这一技术推广到种类繁多的其他生物分子并获得高分辨率的三维结构呢？ Joachim Frank（以下简称 Frank）教授在 1975 ～ 1986 年开发了一种图像处理方法，通过算法可以对电子显微镜下模糊的二维图像进行分析和合并，从而获得相对清晰的三维结构。Frank 教授提出的单颗粒三维重构算法对于实现无须结晶的蛋白质三维结构解析至关重要，也是冷冻电子显微镜技术发展的基石。

Henderson 教授 1975 年获得细菌视紫红质三维结构时，用的是葡萄糖溶液来保护膜蛋白不会发生脱水，这对于很多水溶性蛋白质来说是不可行的，而将样品直接冷冻，冰晶体会干扰电子束以至于无法得到好的图像。有没有办法既能让分子处于水环境又不形成冰晶体呢？Jacques Dubochet（以下简称 Dubochet）教授在 1982 年找到了一个完美的解决方案——让水"玻璃化"。通过快速降温，在生物分子周围的水以液态形式被固化，形成无定形的冰。这样一来，生物分子即使在真空中也能维持天然形态，而且玻璃态冰在电子显微镜下几乎透明，不会形成干扰。这一突破使得快速制备高质量冷冻电子显微镜样品成为可能，冷冻电子显微镜技术也开始推广开来。

在这些奠基者的工作之后，冷冻电子显微镜技术不断地得到优化和技术突破，包括直接电子探测器（direct electron detectors）的发明和高分辨率图像处理算法的改进，使得冷冻电子显微镜的分辨率终于达到了梦寐以求的原子级。

冷冻电子显微镜技术不需要结晶，很多难以结晶的大分子复合物也能成为研究对象，范围大大扩展，样品量小制备快，可重复性高，可解析天然、动态的结构，非常适合生物分子。

2017 年诺贝尔化学奖揭晓，在冷冻电子显微镜技术领域做出卓越贡献的三位生物物理学家分享了这项殊荣，他们是瑞士洛桑大学的 Dubochet 教授、美国哥伦比亚大学的 Frank 教授、英国剑桥大学 MRC 分子生物学实验室的 Henderson 教授。

2. 冷冻电子显微镜技术的分类　用冷冻技术的角度定义冷冻电子显微镜，可以分为冷冻透射电子显微镜、冷冻扫描电子显微镜、冷冻蚀刻电子显微镜。

1）冷冻透射电子显微镜（Cryo-TEM，简称冷冻透射电镜）：通常是在普通透射电子显微镜上加装样品冷冻设备，将样品冷却到液氮温度（77K），用于观测蛋白质、生物切片等对温度敏感的样品。通过对样品的冷冻，可以降低电子束对样品的损伤，减小样品的形变，从而得到更加真实的样品形貌。它的优点主要体现在以下几个方面：第一是加速电压高，电子能穿透厚样品；第二是透镜多，光学性能好；第三是样品台稳定；第四是全自动，自动换液氮、自动换样品、自动维持清洁。

2）冷冻扫描电子显微镜：扫描电子显微镜工作者都面临着一个不能回避的问题，就是所有生命科学以及许多材料科学的样品都含有液体成分。冷冻扫描电子显微镜技术是克服样品含水问题的一个快速、可靠和有效的方法。这种技术还被广泛地用于观察那些对电子束敏感的具有不稳定性的样品。各种高压模式如 VP、LV 和 ESEM 的出现，已允许扫描电子显微镜观察未经冷冻和干燥的样品。但是，冷冻扫描电子显微镜仍然是防止样品丢失水分的最有效方法，它能应用于任何真空状态，包括装于 SEM 的 Peltier 台以及向样品室内充以水汽的装置。冷冻扫描电子显微镜还有一些其他优点，如具有冷冻断裂的能力以及可以通过控制样品升华蚀刻来选择性地去除表面水分（冰）等。

3）冷冻蚀刻（freeze-etching）电子显微镜：冷冻蚀刻电子显微镜技术是从 20 世纪 50 年代开始发展起来的一种将断裂和复型相结合的制备透射电子显微镜样品技术，亦称冷冻断裂（freeze-fracture）或冷冻复型（freeze-replica），用于细胞生物学等领域的显微结构研究。

冷冻蚀刻电子显微镜的优点：样品通过冷冻，可使其微细结构接近于活体状态；样品经冷冻断裂蚀刻后，能够观察到不同劈裂面的微细结构，进而可研究细胞内的膜性结构及内含物结构；冷冻蚀刻的样品，经铂、碳喷镀而制备的复型膜，具有很强的立体感且能耐受电子束轰击和长期保存。冷冻蚀刻电子显微镜的缺点：冷冻也可造成样品的人为损伤；断裂面多产生在样品结构最脆弱的部位，无法有目的地选择。

3. 冷冻电子显微镜技术原理　冷冻电子显微学解析生物大分子及细胞结构的核心是透射电子显微镜成像，其基本过程包括样品制备、透射电子显微镜成像、图像处理及结构解析等几个基本步骤。在透射电子显微镜成像中，电子枪产生的电子在高压电场中被加速至亚光速并在高真空的显微镜内部运动，根据高速运动的电子在磁场中发生偏转的原理，透射电子显微镜中的一系列电磁透镜对电子进行汇聚，并对穿透样品过程中与样品发生相互作用的电子进行聚焦成像及放大，最后在记录介质上形成样品放大几千倍至几十万倍的图像，利用计算机对这些放大的图像进行处理分析即可获得样品的精细结构。

透射电子显微镜成像过程中，电子束穿透样品，将样品的三维电势密度分布函数沿着电子束的传播方向投影至与传播方向垂直的二维平面上。1968 年，Aron Klug 发现中心截面定理，提出可以通过三维物体不同角度的二维投影在计算机内进行三维重构来解析获得物体的三维结构。根据这一原理，利用透射电子显微镜获得生物样品多个角度的放大电子显微图像，即有可能在计算机里重构出它的三维空间结构。

在冷冻电子显微技术结构解析的具体实践中，依据不同生物样品的性质及特点，可以采取不同的显微镜成像及三维重构方法。目前主要使用的几种冷冻电子显微学结构解析方法包括电子晶体学、单颗粒重构技术、电子断层扫描成像技术等，它们分别针对不同的生物大分子复合体及亚细胞结构进行解析。

1）电子晶体学：利用电子显微镜对生物大分子在一维、二维及三维空间形成的高度有序重复排列的结构（晶体）成像或者收集衍射图样，进而解析这些生物大分子的结构，这种方法称为电子晶体学。其适合的样品分子质量范围为 10 ~ 500kDa，最高分辨率约 1.9Å。该方法与 X 射线晶体学的类似之处在于均需获得高度均一的生物大分子的周期性排列，不同之处是利用电子显微镜除了可以获得晶体的电子衍射外，还可以通过获得晶体的图像来进行结构解析。

2）单颗粒重构技术：对分散分布的生物大分子分别成像，基于分子结构同一性的假设，对多个图像进行统计分析，并通过对正、加和平均等图像操作手段提高信噪比，进一步确认二维图像之间的空间投影关系后经过三维重构获得生物大分子三维结构的方法。其适合的样品分子量范围为 50 ~ 80MDa，最高分辨率约 3Å。利用单颗粒重构技术获得三维重构的方法主要包括等价线方法、随机圆锥重构法、随机初始模型迭代收敛重构等，其基本目标是获得二维图像之间正确的空间投影关系，从而进行三维重构。

3）电子断层扫描成像技术：通过在显微镜内倾转样品从而收集样品多角度的电子显微图像并对这些电子显微图像根据倾转几何关系进行重构的方法称为电子断层扫描成像技术。该方法主要应用于细胞及亚细胞器，以及没有固定结构的生物大分子复合物（分子质量范围为 800kDa），最高分辨率约 20Å。

四、思考题及作业

简述冷冻电子显微镜技术的主要用途。

实验 8　原子力显微镜

一、实验目的

1. 了解原子力显微镜的工作原理。
2. 了解原子力显微镜的用途。

二、实验用品

原子力显微镜。

三、实验内容

1. 原子力显微镜（atomic force microscopy，AFM）简介　原子力显微镜通过控制并检测样品-针尖间的相互作用力来实现高分辨成像，同时可对样品进行力学性能测试。原子力显微镜首先控制微悬臂顶端的微小针尖，使其与待测样品表面有某种形式的力接触，然后通过压电陶瓷三维扫描器驱动针尖或样品做相对扫描，作用在样品与针尖之间的各种作用力会使微悬臂发生形变，这些形变可通过光学或电学的方法检测，构建三维图片，从而间接获得样品表面形貌。原子力显微镜的特点是待测样品无须导电、无须受破坏性的高能辐射作用；可得到高分辨物体表面的三维形貌；可以在多种环境（如真空、大气、溶液、低温等）下工作，特别是在溶液环境下生物样品可保持其自然状态，从而避免制样过程中所造成的样品变形或变性；可以进行连续动态分析，它能在接近生理状态的条件下观察样品，通过对生物样品的连续成像，了解某些生命活动的动态过程。

随着原子力显微术的发展，为了充分发挥其分辨率高及定位精确等优点，拓展其应用范围，原子力显微术与其他技术的结合成为必然的发展趋势。例如，通过对针尖进行适当的改造将其他技术整合进来，直接将一个微小的光寻址电位传感器结合到原子力显微镜的微悬臂针尖上，组合成扫描探针电位仪，这样可以利用原子力显微镜精确的定位机制，在获得样品表面形貌信息的同时测量样品表面特定部位的 pH；将电化学技术和原子力显微镜结合起来，以研究电极表面小分子的吸附、电化学沉积膜的形成和特点及测定静电力等；通过金电极表面电极电势来控制固定化 DNA 单层膜取向，研究者认为利用这种性质可以构建电化学纳米开关，并可应用于 DNA 传感器和纳米电子器件的研究中；将光学显微镜与原子力显微镜组合起来，利用光学显微镜对样品进行粗略的定位，然后利用原子力显微镜观察样品超微结构和测量其物理特性等，这样就避免了单一使用原子力显微镜时样品寻找困难等问题；将原子力显微镜和全内反射荧光显微镜联用来进行单细胞的研究，通过全内反射荧光显微镜来检验原子力显微镜对细胞进行的操纵情况，两种技术联用之后，使得纳米水平的操纵和高灵敏的单分子定位成为可能，并将在单细胞研究方面得到广泛的应用。

2. 原子力显微镜的工作原理　原子力显微镜是利用微小探针与待测物之间交互作用力——原子之间的范德瓦耳斯力（van der Waals force）作用来呈现样品的表面特性。假设两个原子中，一个是在悬臂（cantilever）的探针尖端，另一个是在样本的表面，它们之间的作用力会随距离的改变而变化，当原子与原子很接近时，彼此电子云斥力的作用大于原子核与电子云之间的吸引力作用，所以整个合力表现为斥力的作用，反之若两原子分开有一定距离时，其电子云斥力的作用小于彼此原子核与电子云之间的吸引力作用，故整个合力表现为引力的作用。若以能量的角度来看，这种原子与原子之间的距离与彼此之间能量的大小也可从伦纳德-琼斯（Lennard-Jones）的公式中得到另一种印证。原子力显微镜就是利用原子之间那奇妙的关系把原子的样貌呈现出来，让微观的世界不再神秘。

当微悬臂上的探针在样品表面 X 和 Y 方向做相对扫描时，因为样品表面是凹凸不平的，探针与样品表面的原子间的相互作用力也随之发生变化，导致探针和微悬臂一起上下起伏，微悬臂的起伏与样品表面原子力等位面相对应，亦即和样品表面的形貌相对应。对于恒高模式，在微悬臂上下起伏的过程中，隧道电流针尖与微悬臂之间的隧道电流随之变化，检测此隧道电流即获得样品表面的形貌信息。对于恒流模式，在微悬臂上下起伏的过程中，隧道电流针尖随之也上下起伏，检测此隧道电流针尖在 Z 方向的移动，即获得样品表面的形貌信息。将这些信息进行模数转换并送入计算机进行处理，即可获得样品表面的超微结构图像或原子分布图。

利用斥力与吸引力的方式，原子力显微镜分为四种操作模式：接触模式、非接触模式、轻敲模式和相移模式。

1）接触模式：将一个对微弱力极敏感的微悬臂的一端固定，另一端有一个微小的针尖，针尖与样品表面轻轻接触。由于针尖尖端原子与样品表面原子间存在极微弱的排斥力（$10^{-8} \sim 10^{-6}$N），样品表面起伏不平使探针带动微悬臂弯曲变化，而微悬臂的弯曲又使得光路发生变化，使得反射到激光位置检测器上的激光光点上下移动，检测器将光点位移信号转换成电信号并经过放大处理，由表面形貌引起的微悬臂形变量大小是通过计算激光束在检测器四个象限中的强度差值（$A+B$）-（$C+D$）得到的。将这个代表微悬臂弯曲的形变信号反馈至电子控制器驱动的压电扫描器，调节垂直方向的电压，使扫描器在垂直方向上伸长或缩短，从而调整针尖与样品之间的距离，使微悬臂弯曲的形变量在水平方向扫描过程中维持一定，也就是使探针-样品间的作用力保持一定。在此反馈机制下，记录在垂直方向上扫描器的位移，探针在样品的表面扫描得到完整图像即样品形貌变化，这就是接触模式。

接触模式又分为恒力模式和恒高模式。在恒力模式中，反馈系统控制压电陶瓷管，保持探针同样品作用力不变，恒力模式不但可以用来测量表面起伏比较大的样品，也可以在原子水平上观测样品。在恒高模式下，保持探针同样品的距离不变，恒高模式一般只用来观测比较平坦的样品表面。

2）非接触模式：在这种工作模式下，原子力显微镜微悬臂工作在距离样品较远的地方，一般认为，在这样远的距离上二者没有电子云重叠发生，此时主要是范德瓦耳斯力在起作用。由于范德瓦耳斯力及范德瓦耳斯力的梯度均较小，所以要采用谐振的办法来检测，即将微悬臂安装在一个压电陶瓷片上使微悬臂在其谐振频率上振动，当微悬臂上的针尖在样品表面上做相对扫描时，范德瓦耳斯力发生改变，范德瓦耳斯力的改变使微悬臂的运动发生变化，产生"相移"或振幅改变，测得这个"相移"或振幅改变即可获得范德瓦耳斯力梯度，积分后可得范德瓦耳斯力。范德瓦耳斯力随着微悬臂上针尖和样品之间的相对运动而变化，将这种范德瓦耳斯力的变化转换为形貌即得样品表面的超微结构或原子分布图像。

3）轻敲模式：用一个小压电陶瓷元件驱动微悬臂振动，其振动频率恰好高于探针的最低机械共振频率（50kHz）。由于探针的振动频率接近其共振频率，因此它能对驱动信号起放大作用。当把这种受迫振动的探针调节到样品表面时（通常 2 ~ 20nm），探针与样品表面之间会产生微弱的吸引力。这种吸引力会使探针的共振频率降低，驱动频率和共振频率的差距增大，探针尖端的振幅减少。这种振幅的变化可以用激光检测法探测出来，据此可推出样品表面的起伏变化。

当探针经过表面隆起部位时，这些地方吸引力最强，其振幅变小；而经过表面凹陷处时，其振幅增大，反馈装置根据探针尖端振动情况的变化而改变加在 Z 轴压电陶瓷上的电压，从而使振幅（也就是使探针与样品表面的间距）保持恒定，用 Z 轴驱动电压的变化来表征样品表面的起伏图像。

在该模式下，扫描成像时针尖对样品进行"敲击"，两者间只有瞬间接触，克服了传统接触模式下因针尖被拖过样品而受到摩擦力、黏附力、静电力等的影响，并有效地解决了扫描过程中针尖划伤样品的问题，适合于柔软或吸附样品的检测，特别适合检测有生命的生物样品。

4）相移模式：作为轻敲模式的一项重要的扩展技术，相移模式是通过检测驱动微悬臂探针振动的信号源的相位角与微悬臂探针实际振动的相位角之差（即两者的相移）的变化来成像。引起该相移的因素很多，如样品的组分、硬度、黏弹性质等。因此利用相移模式，可以在纳米尺度上获得样品表面局域性质的丰富信息，已成为原子力显微镜的一种重要检测技术。

3. 原子力显微镜的结构　原子力显微镜结构组成分为三部分：力检测部分、位置检测部分、反馈系统。

1）力检测部分：在原子力显微镜的系统中，所要检测的力是原子与原子之间的斥力或范德瓦耳斯力。所以在本系统中是使用微小悬臂来检测原子之间力的变化量。微悬臂通常由一个 $100 \sim 500\mu m$ 长和 $500nm \sim 5\mu m$ 厚的硅片或氮化硅片制成。微悬臂顶端有一个尖锐针尖，用来检测样品 - 针尖间的相互作用力。这微小悬臂有一定的规格，如长度、宽度、弹性系数及针尖的形状，而这些规格的选择是依照样品的特性及操作模式的不同，而选择不同类型的探针。

2）位置检测部分：在原子力显微镜的系统中，当针尖与样品之间有了交互作用之后，会使得悬臂摆动，所以当激光照射在微悬臂的末端时，其反射光的位置也会因为悬臂摆动而有所改变，这就造成偏移量的产生。在整个系统中是依靠激光光斑位置检测器将偏移量记录下来并转换成电的信号，以供控制器作信号处理。聚焦到微悬臂上面的激光反射到激光位置检测器，通过对落在检测器四个象限的光强进行计算，可以得到由于表面形貌引起的微悬臂形变量大小，从而得到样品表面的不同信息。

3）反馈系统：在原子力显微镜的系统中，将信号经由激光检测器取入之后，在反馈系统中会将此信号当作反馈信号，作为内部的调整信号，并驱使通常由压电陶瓷管制作的扫描器做适当的移动，使样品与针尖保持一定的作用力。

原子力显微镜利用以上三部分系统将样品的表面特性呈现出来。在原子力显微镜的系统中，使用微小悬臂来感测针尖与样品之间的交互作用，这种作用力会使悬臂摆动，再利用激光将光照射在悬臂的末端，当摆动形成时，会使反射光的位置改变而造成偏移量，此时激光检测器会记录此偏移量，也会把此时的信号传给反馈系统，以利于系统做适当的调整，最后再将样品的表面特性以影像的方式呈现出来。

4. 原子力显微镜在生物医学领域的应用　当今生物医学科学已经从描述性、实验性科学向定量科学性过渡。研究的焦点是生物大分子，尤其是蛋白质和核酸发展起来的结构与功能的关系研究，在纳米尺度上研究生物的反应机制，包括修复、复制和调控方面的生物过程，以及以对分子的操纵和改性为目的的分子生物工程等。由于原子力显微镜可在大气或液体的自然状态下直接对生物医学样品进行成像，分辨率较高，因此，原子力显微镜已成为研究生物医学样品及其生物大分子的理想工具之一。该设备主要应用于生物细胞表面形态观测、生物大分子结构及性质观测、生物分子之间力谱曲线观测等。

1）原子力显微镜对生物细胞的表面形态观测：利用原子力显微镜对一定数量的细胞表面形态及三维结构进行观测，并进行图像分析，从而得出细胞的厚度、宽度、表面积及体积等的量化参数等。对于活细胞，也可以在原子力显微镜的液体池中进行动态观察，通过液体池的进液孔可随时注入不同的化合物溶液，以改变活细胞的液体环境（如离子浓度、pH、温度、湿度等），对其进行动态的观测。对细胞进行力学性能（弹性模量、破膜力等）测试，获得细胞表面特定点的力-距离曲线，再通过对曲线的分析获得精确的细胞结构的力学特性。还可对一些组织生物医学样品进行表面形态的成像观测等。原子力显微镜观察细胞的表面形态结构，其分辨率还不够理想。这主要是由于细胞膜表面太软，探针（无论是接触式，还是轻敲式）的压力会使探针和样品表面的接触面积增大，从而使分辨率降低。

一般认为，原子力显微镜能够在自然环境中直接观测生物样品的表面结构，而且避免了复杂的制样制备过程，以及电子束辐射所带来的样品损伤，然而原子力显微镜对生物医学样品制备，同样也有一定的要求，包括表面平整，有一定的硬度，高度起伏小于 $10 \sim 20~\mu m$；基底面平滑，对于较大的颗粒、细胞，可用盖玻片、塑料片等；样品在基底面相对均匀分散等。原子力显微镜的生物样品制备过程相对简单，但没有一种可普遍适用的方法，能够解决原子力显微镜所有的生物医学样品的制备问题。

2）生物大分子结构及性质观测：目前，原子力显微镜已广泛应用于蛋白质、核酸、DNA、磷脂生物膜、多糖等生物大分子及有机化合物在空气或溶液中的形态观测研究中。原子力显微镜具有原子级别的分辨率，可以用来检测 DNA 和 DNA-蛋白质的成像，进行生物复合物检测可以得到蛋白质的形貌与大小。还可以研究生物大分子的生理生化过程，对生物大分子在各种不同的环境（包括大气、低真空、各种气体置换、湿度、温度等条件）下的形态结构等进行研究。在该领域里研究较多的主要有蛋白质的聚合、纤维组装的过程、胶原的超微结构和组装、蛋白质三维晶体的增长、生物膜的结构和生物物理特性的变化、DNA 的装配过程及生物大分子之间的交互作用等。

3）生物分子间力谱曲线观测：用原子力显微镜对生物大分子进行形态结构观察的同时，还可对大分子的其他性质进行研究，如配体-受体之间的作用力，抗原-抗体之间的作用力等。对生物分子表面的各种相互作用力进行测量，是原子力显微镜的一个十分重要的功能。这对于了解生物分子的结构和物理特性非常有意义，因为这种作用力决定两种分子的相互吸引或者排斥、接近或者离开，化学键的形成或者断裂，生物分子立体构象的维持或者改变等。分子间作用力还同时影响着生物体内的各种生理现象、生化现象、药物药理现象，以及离子通道的开放或关闭，受体与配体的结合或去结合，酶功能的激活或抑制等。因此，生物分子间作用力的研究，在某种意义上说，就是对生命体功能活动中最根本原理的研究，为理解生命原理提供了一个新的研究手段和工具。通过对原子力显微镜探针进行功能化修饰，使针尖的表面带有特殊的官能团，用以识别存在于同一表面内的不同官能团,进行表面组分成像。它可以实现纳米范围内化学反应特性的研究,原子力显微镜还可以实现同时对生物分子表面结构、作用力等的动态实时观测,如生物大分子的弹力、细胞壁的膨胀压力及各种微粒之间的各种相互作用力的观察等。近年来,在原子力显微镜基础上发展了各种扫描力显微术,主要有静电力、摩擦力、磁力、剪切力等显微术。力对样品的表面性质很敏感,根据检测力的变化可以获得样品表面丰富的信息。

5. 示教实验　参观原子力显微镜实验室,由专业技术人员介绍。

四、思考题及作业

原子力显微镜的主要用途。

第二章　组织学基本技术

细胞生物学以细胞及其亚显微结构和分子组成作为主要研究对象，但是体外培养的细胞状态并不能完全反映其在组织或者器官中实际的结构和状态，所以细胞形态结构和分子组成的观察还需依赖于组织学基本技术。

实验 9　石蜡切片技术

一、实 验 目 的

1.熟悉组织固定基本方法。
2.熟悉石蜡切片的制作过程。

二、实 验 原 理

要观察组织或者细胞的细微结构及与结构有关的信息，必须先把组织材料制成薄片以便观察。因为显微镜物镜的焦距一般比较短，大部分组织又是不透明的，所以无法观察太厚太大的材料。把组织材料经过一定的预处理后制成压片、切片或者涂层，经一定处理后封固在载玻片和盖玻片之间或其他支持物上，这一过程称为制片。

石蜡切片（paraffin section）是组织学常规制片技术中最为广泛应用的方法。石蜡切片不仅用于观察正常细胞组织的形态结构，也是病理学和法医学等学科用以研究、观察及判断细胞组织的形态变化的主要方法，而且也已相当广泛地用于其他许多学科领域的研究中。在制片过程中，一般都需经固定、脱水、过渡、包埋、切片、染色和封固等基本步骤。制成的封片标本可以长期保存使用，作为永久性显微玻片标本。

组织学制片，一般选取新鲜的动物器官或者组织来进行制作。将动物麻醉处死后，根据不同的实验目的，选取合适的动物组织。取材时要考虑所取的材料应包括所选组织或者器官的主要代表性结构。材料要求新鲜、准确、完整，避免挤压、挫伤和失水。所取的组织块不宜过大，一般组织块的大小以 5mm×5mm×2mm 为宜。柔软的组织不易切小，可选取较大的组织块进行固定，等组织变硬以后再加工成小块进行后续操作。组织块取好后，应迅速进行编号和固定。固定是指应用某种方法以最快的速度，将细胞或组织杀死并保持原来的形状和结构。固定是制片过程中极为关键的一个步骤，合适和完全的固定才能制作出优质的切片。我们所说的固定过程实际上包含了两个不同步骤，一个是"杀生"（killing），即把材料杀死；另一个是"固定"（fixation），即使生命现象突然地永远停止，使细胞组织结构尽量保持在原来进行正常生理活动的状态。实验室中通常使用 4% 多聚甲醛对组织块进行快速固定。组织学上，4% 的多聚甲醛穿透力强，固定均匀，能使组织硬化，有利于切片。该固定剂造成的组织收缩少，损伤小，较为温和，能很好地保存固有物质，保持组织的抗原性和细微结构。此外，多聚甲醛可用于固定并保存脂肪及脂类物质。固定液的用量通常为材料块的 20 倍左右，固定时间则根据材料块的大小、松密程度及固定液的穿透速度而定，可以从 1h 至数天不等，通常为 1 ～ 24h。

材料经固定后，除乙醇外，组织中的固定液必须冲洗干净，尤其是含有重金属的固定液。因为残留在组织中的固定液，有的不利于染色，有的产生沉淀或结晶影响观察。冲洗方法根据固定液的性质而定，固定液为水溶液的常用水洗涤，固定液含有乙醇的则用 50%～70% 乙醇冲洗。脱水目的在于使组织或切片中的水分完全去净，便于透明剂的透入。因为水和石蜡不能互溶，只有经过脱水剂，将水脱净然后再经过透明剂透明，才能透蜡包埋。脱水过程，要逐步缓慢地进行，不可太快，以免细胞发生收缩，因此必用 95% 的乙醇配成不同浓度的乙醇（切不可用无水乙醇配梯度乙醇）。脱水时从低浓度开始逐渐增高浓度，一般含水量大的材料，要从较低浓度（35% 或更低的浓度）开始，依具体的材料而定，然后经 50%、70%、85%、95%、100% 浓度脱水。透明是采用苯类有机溶剂，取代组织或切片中的水溶剂，并且达到透明的目的。二甲苯是目前应用最广泛的一种透明剂，尤其在石蜡切片方法中，优点是价格比较便宜，透明作用迅速，其较易与乙醇及丙酮混合，也是石蜡和加拿大胶的最好溶剂；缺点是组织收缩和硬化作用也较大。因此时间不能太长，否则会使材料变脆，为了减轻材料的收缩，材料从无水乙醇到透明剂过程，必须逐渐取代，从 1/3 二甲苯 + 2/3 无水乙醇开始。再经过 1/2 二甲苯 + 1/2 无水乙醇和 2/3 二甲苯 + 1/3 无水乙醇，然后进入纯二甲苯。将完成透明步骤的组织块浸入透明剂与石蜡混合液中，不断提高石蜡的比例，直至用石蜡完全置换组织块中的透明剂。渗蜡过程要在恒温箱中进行，以保持石蜡的液体状态。样品经过石蜡渗透后，其内部空间已将被石蜡占据，此时需要用同种硬度的石蜡包埋成蜡块，就可以进行后续的切片了。包埋一般用专用的包埋盒进行，在没有包埋盒的情况下，也可以折叠纸盒使用。包埋时，将液状石蜡缓缓倒入包埋盒，再用预热好的镊子轻轻将浸好蜡的组织块放入包埋盒，摆正位置，待石蜡完全冷却成固态即包埋完毕。

包埋好的组织块，经过修整后固定在切片机样品台上，转动切片机进行切片。切好的石蜡片需要转移到涂有粘贴剂的载玻片上，以便后续染色观察。

三、实 验 用 品

1. 材料　小鼠肝脏、肾、心肌、骨骼肌或其他组织，大豆或小麦、绿豆、洋葱、大蒜、蚕豆的根、茎、叶等。

2. 器材　切片机、恒温箱、温台、熔蜡炉、蜡杯、酒精灯、蜡铲、展片台、解剖刀、解剖针、解剖剪、解剖盘、培养皿、吸管、镊子、单面刀片、台木、毛笔、蜡带盒、包埋盒、载玻片、平盘、放大镜或显微镜、切片盒等。

3. 试剂　4% 多聚甲醛（或卡诺固定液）、各种浓度的乙醇溶液、生理盐水、蒸馏水、二甲苯、石蜡、三氯甲烷、甘油蛋白粘片剂、郝普特粘片剂等。

四、实 验 内 容

1. 取材　颈椎脱臼法处死小鼠，打开腹腔，剪取肝组织（或小肠）。切取的组织块不宜太大，以便固定剂穿透，通常以 5mm×5mm×2mm 或 10mm×10mm×2mm 为宜。取下所需要的肝组织，切成 2～3mm 厚小块。

2. 固定　将切好的肝组织用生理盐水洗一下，立即投入 4% 多聚甲醛（或卡诺固定液）中固定，固定 30～90min。固定结束的组织块用蒸馏水浸洗 3 次，每次 10min（如用卡诺固定液，则使用 50% 乙醇浸洗）。

3. 脱水　于 30%、50%、70%、80%、90% 浓度乙醇溶液中脱水各 40min，放入 95%、100% 乙醇溶液中脱水各两次，每次 20min。

4. 透明　从 1/3 二甲苯 + 2/3 无水乙醇开始，经过 1/2 二甲苯 + 1/2 无水乙醇和 2/3 二甲苯 + 1/3 无水乙醇，然后进入纯二甲苯。每种梯度 15min。

5. 渗蜡　放入二甲苯和石蜡各半的混合液 15min，再放入石蜡 Ⅰ、石蜡 Ⅱ 渗蜡各 30 ～ 60min。渗蜡应在恒温箱内进行，并保持箱内温度在 55 ～ 60℃，注意温度不要过高，以免组织发脆。

6. 包埋　包埋时，将包埋盒放在已经加热的温台上，从恒温箱中取出盛放纯石蜡的蜡杯，倒入包埋盒中，取出存放材料的蜡杯，迅速轻轻地用预热的镊子夹取材料平放于包埋盒底部（注意切面朝下放置），再用温镊子轻轻拨动材料，使之排列整齐。轻轻将包埋盒两侧的把手提起，慢慢地平放在面盆中，并立即使它沉入水中，使盒中包埋块迅速凝固。待石蜡完全凝固（约 30min）后即可取出备用。

7. 切片

（1）将已固定和修好的石蜡块台木装在切片机的夹物台上。

（2）将切片刀固定在刀夹上，刀口向上。

（3）摇动推动螺旋，使石蜡块与刀口贴近，但不可超过刀口。

（4）调整石蜡块与刀口之间的角度与位置，使刀片与石蜡切片约呈 15°。

（5）调整厚度调节器到所需的切片厚度，一般为 4 ～ 10μm。

（6）一切调整好后就可以开始切片。此时右手摇动转轮，将蜡块切成蜡带，左手持毛笔。

（7）将蜡带提起，摇转速度不可太急，通常为 40 ～ 50 r/min。

（8）当切成的蜡带到 20 ～ 30cm 长时，右手用另一支毛笔轻轻将蜡带挑起，以免卷曲，并牵引成带，平放在蜡带盒上，靠刀面的一面较光滑，朝下，较皱的一面朝上。

（9）用单面刀片切取蜡片一小段，放在载玻片上加水一滴，置于放大镜或显微镜下观察切片是否良好。

（10）切片工作结束后，应将切片刀取下用三氯甲烷擦去刀上沾着的石蜡，把切片机擦拭干净妥贴保存。

8. 贴片

（1）取一片清洁的载玻片，滴一滴粘片剂于玻片中央，然后用洗净的手指加以涂抹，便成均匀薄层。

（2）滴 1 ～ 2 滴的蒸馏水至已涂粘片剂的载玻片上。

（3）用镊子夹取预先用刀片割开的蜡带，放在水面上，注意使蜡片光亮平整的一面贴于载玻片上，并使之处于稍偏载玻片的一端，另一端便于粘贴标签。

（4）把载玻片摆好位置，在酒精灯火焰上方适度加热至蜡片舒展，或放置于预先加热的展片台上（温度保持在 40 ～ 45℃）。此时蜡片因受热而伸展摊平。

（5）展片后把载玻片放在平盘上编好记号置于 37℃ 温箱烘干，一昼夜干燥后即可取出存放于切片盒待染。

五、思考题及作业

1. 切片时，材料破碎或脱落，最主要原因是什么？应该如何解决？

2. 石蜡片不成带或卷曲的原因可能有哪几种?

实验 10 冷冻切片技术

一、实验目的

1. 了解冷冻切片的特点及其应用
2. 熟悉冷冻切片的制作过程。

二、实验原理

随着低温生物学的不断发展,人们已能采用骤然降温使动植物的生命活动停止下来,这就相当于"固定"。与固定不同的是,这种停止是可逆的,而不是将组织杀死;一旦通过适当方法使温度回升,材料又可以回复到原来生理状态,丝毫不受影响。这种固定过程的最大优点是能使细胞结构突然停止在原有的生理状态,而不会因固定剂杀死组织而造成"膺象"。应该说是现在最好的"固定"方法,如配合冷冻取代、冷冻干燥、冷冻蚀刻、冷冻断裂等方法一同处理材料,将成为进行结构研究的最好方法。

冷冻切片就是将含有水分的材料经低温冷冻处理变硬后进行切片的方法。由于上述原因,现已被广泛地采用。这种切片具有下列优缺点。

1. 能够很好地保存细胞内的生理活性,不会引起酶类和其他物质的变性。
2. 能够较好地保持化学物质的位置,不会因其他药剂处理而使之发生漂移。
3. 操作较简便;适当处理可很好地保存结构,但冷冻不迅速或不适当,细胞内冰晶太大时会破坏结构。
4. 切片不能太薄,很难达到 5μm 以下。
5. 很难制成连续切片;切片易碎裂。

由于该方法在保存细胞内化学物质方面的优势,常被用于细胞组织化学研究中。因其不经过脱水和透明步骤,组织几乎没有收缩,可以更好地保持其原有的状态,尤其在免疫组织化学染色中,能较好地保存细胞抗原的免疫性,也可以较好保持脂肪组织、神经组织结构,以及各种酶的活性,常用于免疫荧光染色和免疫组织化学染色。此外,由于该法操作方便,可以快速出结果,在医学临床的病理切片上被广泛采用。

三、实验用品

1. 材料 新鲜小鼠肝脏。
2. 器材 冷冻切片机、解剖工具、样品托、冷冻台、刀片、毛笔、镊子、载玻片等。
3. 试剂 干冰 - 丙酮(或者液氮)、PBS、OCT 包埋剂。

四、实验内容

1. 打开切片机冷冻室制冷开关,将切片夹好,样品托、刀片、毛笔、镊子等用具一并放入冷冻室预冷。设定好所需冷冻温度,一般需 1h 左右才能达到该温度。
2. 取材。颈椎脱臼法处死小鼠,打开腹腔,剪取肝组织。切取的组织块通常以 5mm×5mm×2mm 为宜。

3.取样品托放入干冰 - 丙酮（或者液氮）中，加 OCT 包埋剂使之凝固成 1.5～3mm 高的圆丘，将材料粘在圆丘的正中，一次定位。向材料周围加上新 OCT 包埋剂后，放在冷冻台冻结 OCT 和材料。

4.切片。先调好切片厚度，一般以 10～20μm 为宜。切片时必须压好刀刃处的压板，否则切片一定卷曲。切片太大时可进行修块。

5.贴片。取室温下存放的干净载玻片（与冷冻室温度应有 20℃ 以上的温差，以利于展片），将切片平贴其上并展开。在载玻片贴片的一面上作标记，以保证所有切片都贴在同一面上。展片后，立即将载玻片放到干冰 - 丙酮上，全部操作完成后于 -80℃ 储存。

五、思考题及作业

1.对于不同的组织，切片时设置的温度是否不同？为什么？

2.贴片时为什么使用室温下存放的载玻片？

实验 11　HE 染色技术

一、实验目的

1.了解染色基本原理。

2.熟悉 HE 染色过程。

3.熟悉 HE 染色结果的分析。

二、实验原理

未经处理的组织或细胞经切片后在光镜下观察很难区分各结构之间的区别，虽然经过固定以后可使组织或细胞内原生质的各部分发生一定程度的视差，但是折射率不强的部分不能呈现清晰的影像。如在此时进行染色，组织或细胞由于对染剂的化学反应或物理亲和性上的差别，就会发生不同的染色作用。其结果可使此种组织或细胞在显微镜下格外明显，这就是染色的主要目的。所以对于组织形态学及细胞学的研究来说，染色作用占有极重要的地位。苏木素 - 伊红（hematoxylin-eosin，HE）染色是病理组织切片最经常、最广泛使用的一种常规染色法。这种方法适用范围广泛，对组织细胞的各种成分都可着色，便于全面观察组织构造，而且适用于各种固定液固定的材料，染色后不易褪色可长期保存。经过 HE 染色，细胞核被苏木素染成蓝紫色，细胞质被伊红染色呈粉红色。

细胞核染色原理：苏木素为碱性天然染料，可使细胞核着色。细胞核内染色质的成分主要是 DNA，在 DNA 的双螺旋结构中，两条核苷酸链上的磷酸基向外，使 DNA 双螺旋的外侧带负电荷，呈酸性，很容易与带正电荷的苏木素碱性燃料以离子键或氢键结合而被染色。苏木素在碱性溶液中呈蓝色，所以细胞核被染成蓝色。细胞质染色原理：细胞质内的主要成分是蛋白质，为两性化合物、细胞质的染色与 pH 有密切关系，当 pH 调到蛋白质等电点 4.7～5.0 时，细胞质对外不显电性，此时酸或碱性染料不易染色。当 pH 调到 6.7～6.8 时，大于蛋白质的等电点，表现酸性电离，而带负电荷的阴离子，可被带正电荷的染料染色，同时细胞核也被染色，细胞核和细胞质难以区分。因此必须把 pH 调至细胞质等电点以下，在染液中加入乙酸使细胞质带正电荷（阳离子），就可被带负电荷（阴离子）的染料染色。伊红 Y 是一种化学合成的酸性染料，在水中离解成带负电荷的阴离子，与蛋白质的氨基正电荷（阳离子）结合而使细胞质染色，细胞质、红细胞、肌肉、结缔组织、嗜伊红颗粒等被染成不同程度的红色或粉红色，与蓝色的细胞核形成鲜明的对比。

分化作用：染色后用某些特定的溶液将组织过多结合的染色剂脱去，这个过程称为分化作用，所用的溶液称为分化液。在 HE 染色中用 0.5% 盐酸乙醇作为分化液，因酸能破坏苏木素的醌型结构，使组织与色素分离而褪色。经苏木素染色后，必须用 0.5% 盐酸乙醇分化，使细胞核过多结合的苏木素染料和细胞质吸附的苏木素染料脱去，再进行伊红染色，才能保证细胞核与细胞质着色分明。因此，在 HE 染色中分化是极为关键的一步。

返蓝作用：分化之后，苏木素在酸性条件下处于红色离子状态，呈红色，在碱性条件下处于蓝色离子状态，呈蓝色。组织切片经 1% 盐酸乙醇分化后呈红色或粉红色，故分化之后，立即用水除去组织切片上的酸而终止分化，再用弱碱性水（0.2% 氨水）使染上苏木素的细胞核呈现蓝色，这个过程称为返蓝作用或蓝化作用。另外用自来水浸洗也可使细胞核返蓝，但所需时间较长。

三、实验用品

1. 材料　石蜡切片、冷冻切片。
2. 器材　染色缸、镊子、玻璃滴管、盖玻片、酒精灯等。
3. 试剂　各种浓度乙醇溶液、无水乙醇、蒸馏水、二甲苯、Mayer 苏木素溶液、1% 盐酸乙醇、碳酸锂饱和水溶液、0.5% 伊红水溶液（或 1% 乙醇溶液）、中性树胶。
4. 试剂配制　Mayer 苏木素溶液：苏木素 2g、无水乙醇 40mL、硫酸铝钾 100g、蒸馏水 600mL、碘酸钠 0.4g。将硫酸铝钾溶于蒸馏水中稍微加热，苏木素溶于无水乙醇，然后将两者混合，用蒸馏水补足 600mL，加入碘酸钠充分溶解，过滤后即可使用。

四、实验内容

HE 染色可以用于石蜡切片，也可以用于冷冻切片。因为苏木素为水溶液，石蜡切片进行染色前需要进行脱蜡和复水的操作，而对于冷冻切片来说，则可以直接染色。

1. 脱蜡（石蜡切片）
（1）以二甲苯Ⅰ脱蜡 10min。
（2）以二甲苯Ⅱ脱蜡 5min。
（3）以无水乙醇洗去二甲苯 2 次，每次 1min。
（4）以 95% 乙醇溶液洗 1min。
（5）以 90% 乙醇溶液洗 1min。
（6）以 85% 乙醇溶液洗 1min。
（7）以蒸馏水洗 2min。

2. 染色（冷冻切片可以从此步骤开始）
（1）Mayer 苏木素溶液染核 10～15min。
（2）蒸馏水冲洗。
（3）1% 盐酸乙醇分化 20～30s。
（4）流水冲洗 2min。

（5）碳酸锂饱和水溶液返蓝 1min。

（6）蒸馏水洗 1min。

（7）0.5% 伊红水溶液（对比染色）复染 2～5min。

（8）逐级升高乙醇溶液浓度脱水（若为醇溶伊红可直接放入 90% 乙醇溶液）。

（9）自来水洗 30s。

3. 脱水封片

（1）85% 乙醇溶液脱水 20s。

（2）90% 乙醇溶液脱水 30s。

（3）95% 乙醇溶液Ⅰ脱水 1min。

（4）95% 乙醇溶液Ⅱ脱水 1min。

（5）无水乙醇Ⅰ脱水 2min。

（6）无水乙醇Ⅱ脱水 2min。

（7）二甲苯Ⅰ脱水 2min。

（8）二甲苯Ⅱ脱水 2min。

（9）二甲苯Ⅲ脱水 2min。

（10）中性树胶封片。

五、思考题及作业

1. HE 染色后，细胞各部分分别呈现什么样的颜色？为什么？

2. HE 染色在临床上有哪些应用？

实验 12　免疫组织化学技术

一、实验目的

1. 了解免疫组织化学基本原理。

2. 熟悉免疫组织化学操作流程。

二、实验原理

免疫组织化学技术（immunohistochemistry technique），简称免疫组化，基本原理是利用抗原抗体反应，即抗原与抗体特异性结合的原理，通过化学反应使用标记抗体的显色剂（荧光素、酶、金属离子、同位素等）来显色确定组织细胞内抗原（多肽或蛋白质），对其进行定性、定位、定量测定的一项技术。免疫组化具有特异性强、敏感度高、定位准确、形态与功能相结合等特点。在常规病理诊断中，有时仅依靠 HE 染色难以做出明确的形态学诊断，这时需要用免疫组化技术进行确诊。实验所用材料主要分为组织标本和细胞标本两大类，前者包括石蜡切片和冷冻切片，后者包括组织印片、细胞爬片和细胞涂片。其中石蜡切片是制作组织标本最常用、最基本的方法，其对于组织形态保存好且能作连续切片，有利于各种染色对照观察；还能长期存档，供回顾性研究；石蜡切片制作过程对组织内抗原暴露有一定的影响，但可进行抗原修复，是免疫组化中首选的组织标本制作方法。

免疫组化中使用的抗体可以是单克隆抗体，也可以使用多克隆抗体。从概念上讲，由一种克隆产生的特异性抗体称为单克隆抗体，单克隆抗体能目标明确地与单一特异抗原决定簇结合，特异性比较高。即使是同一个抗原决定簇，在机体内也可以由好几种克隆产生抗体，形成好几种单克隆抗体混杂物，称为多克隆抗体。在抗原抗体反应中，一般单克隆抗体特异性强，但亲和力相对小，检测抗原灵敏度相对较低；而多克隆抗体特异性稍弱，抗体的亲和力强，灵敏度高，但易出现非特异性染色。

免疫组化标志物的选择比较多样，最常见的是由酶或者荧光基团所介导的生色反应或者荧光检测。其中碱性磷酸酶（alkaline phosphatase，ALP）和辣根过氧化物酶（HRP）是最广泛用作蛋白质检测标记的两种酶。DAB，即 3，3N-diaminobenzidine tertrahydrochloride，是辣根过氧化物酶的常用底物。在辣根过氧化物酶的催化下，DAB 会产生棕色沉淀。该棕色沉淀不溶于水和乙醇。因此在 DAB 显色后，还可以使用溶于乙醇的染料进行后续染色。

三、实 验 用 品

1. 材料　石蜡切片。
2. 器材　微量移液器、微波炉等。
3. 试剂　各种浓度乙醇溶液、无水乙醇、蒸馏水、二甲苯、中性树胶、BSA、PCNA 单抗（兔源）、HRP 标记二抗（山羊抗兔）、PBS、3% 过氧化氢、0.01mol/L 柠檬酸钠缓冲液（0.01mol/L sodium citrate，0.05% 吐温 -20，pH 6.0），DAB 或 AEC plus substrate。

四、实 验 内 容

1. 脱蜡
（1）二甲苯Ⅰ脱蜡 10min。
（2）二甲苯Ⅱ脱蜡 5min。
（3）无水乙醇洗去二甲苯 2 次，每次 1min。
（4）95% 乙醇脱蜡 1min。
（5）90% 乙醇脱蜡 1min。
（6）85% 乙醇脱蜡 1min。
（7）蒸馏水洗 2min。
（8）3% 过氧化氢 10min，蒸馏水洗 3 次，每次 3min。
2. 抗原修复　将切片浸入 0.01mol/L 柠檬酸钠缓冲液，至微波炉中以最大火力（98～100℃）加热至沸腾，冷却（5～10min），反复 2 次。将切片自然冷却至室温，PBS 洗涤 3 次，每次 5min。
3. 抗体孵育
（1）封闭，5% BSA，室温 30min。
（2）滴加 PCNA 单抗（兔源），于 37℃放置 1h，或者于 4℃过夜。
（3）PBS 洗涤 3 次，每次 3min。
（4）滴加 HRP 标记二抗（山羊抗兔），37℃，30～60min。
（5）PBS 洗涤 3 次，每次 3min。
（6）向 1mL DAB plus substrate（或 AEC plus substrate）中滴加 1～2 滴 DAB plus chromogen（或 AEC plus chromogen），混匀后滴加到切片上，孵育 3～15 min。
（7）流水冲洗，以蒸馏水浸洗 1～2 次。

4.脱水封片

（1）85% 乙醇脱水 20s。

（2）90% 乙醇 脱水 30s。

（3）95% 乙醇 I 脱水 1min。

（4）95% 乙醇 II 脱水 1min。

（5）无水乙醇 I 脱水 2min。

（6）无水乙醇 II 脱水 2min。

（7）二甲苯 I 脱水 2min。

（8）二甲苯 II 脱水 2min。

（9）二甲苯 III 脱水 2min。

（10）中性树胶封片。

五、思考题及作业

1.免疫组化显色后背景色比较深，有可能是哪些原因引起的？如何解决？

2.免疫组化染色呈阴性结果，如何解释？

实验 13　免疫荧光染色

一、实 验 目 的

1.了解免疫荧光染色基本原理。

2.熟悉免疫荧光染色过程。

二、实 验 原 理

免疫荧光是标记免疫技术发展最早的一种，它是在免疫学、生物化学和显微镜技术的基础上建立起来的一项技术，通过将抗体与一些示踪物质结合，利用抗原抗体反应进行组织或细胞内抗原物质的定位。例如，将异硫氰酸荧光素（fluorescein isothiocyanate，FITC）与相应抗体以化学的方法结合，荧光标记抗体与标本中相应的抗原结合形成荧光标记的抗体 - 抗原复合物，抗原在细胞或组织中的分布可通过荧光显微镜观察进行检测。

根据抗原抗体反应的结合步骤的不同，免疫荧光标记技术可分为直接法、间接法、补体法和双重免疫荧光法四种。直接法是将荧光素标记的特异性抗体直接与相应的抗原结合，以检查出相应的抗原成分。间接法是先用特异性抗体与相应的抗原结合，洗去未结合的抗体，再用荧光素标记的抗特异性抗体（间接荧光抗体）与特异性抗体相结合，形成抗原 - 特异性抗体 - 间接荧光抗体的复合物。因为在形成的复合物上带有比直接法更多的荧光抗体，所以间接法要比直接法更灵敏一些。补体法是用特异性的抗体和补体的混合液与标本上的抗原反应，使补体结合在抗原抗体复合物上，再用抗补体的荧光抗体与之相结合，就形成了抗原 - 抗体 - 补体 - 抗补体荧光抗体的复合物。荧光显微镜下所见到的发出荧光的部分即是抗原所在的部位。补体法灵敏度高，适用于各种不同种属来源的特异性抗体的标记显示。在对同一组织细胞标本上需要检测两种抗原时，可进行双重荧光染色，即将两种特异性抗体（如抗 A 和抗 B）分别以发出不同颜色的荧光素进行标记，抗 A 抗体用异硫氰酸荧光素标记发出黄绿色荧光，抗 B 抗体用四甲基异硫氰酸罗明达标记发出橙红色荧光，将两种荧光抗体按适当比例混合后，加在标本上（直接法）就分别形成抗原抗体复合物，发出黄绿色荧光的即抗 A 抗体结合部位，发出橙红色荧光的即抗 B 抗体结合的部位，这样就明确显示出两种抗原的位置。

免疫荧光实验的主要步骤包括标本片制备、固定及通透（或称为透化）、封闭、抗体孵育及荧光检测等。实验所用材料主要分为组织标本和细胞标本两大类，前者包括石蜡切片和冷冻切片，后者包括组织印片、细胞爬片和细胞涂片。固定及通透步骤最重要的是根据所研究抗原的性质选择适当的固定方法，合适的固定剂和固定程序对获得好的实验结果是非常重要的。免疫荧光中的封闭、抗体孵育与免疫组化中的相同步骤是类似的，最重要的区别在于免疫荧光实验中要用到荧光抗体，因此必须谨记避光操作，此外抗体浓度的选择可能更加关键。最后需要注意的是，标记好荧光的细胞片应尽早观察，或者用封片剂封片后在 4℃ 或 -20℃ 避光保存，以免因标记蛋白解离或荧光减弱而影响实验结果。

三、实 验 用 品

1. 材料　小鼠肝脏冷冻切片。
2. 器材　染色缸、恒温箱、冰箱、盖玻片、镊子、荧光显微镜等。
3. 试剂　5% BSA、Actin 单抗（兔源）、FITC 标记二抗（山羊抗兔）、PBS、4% 多聚甲醛、0.2% TritonX-100、DAPI（10μg/ml）、抗猝灭封片剂、蒸馏水、指甲油等。

四、实 验 内 容

1. 固定
（1）从 -80℃ 冰箱中取出保存的小鼠肝脏冷冻切片，放入 4℃ 预冷的 PBS 中浸洗 2 次，每次 2min。
（2）将切片放入 4℃ 预冷的 4% 多聚甲醛中固定 15 ～ 30min，PBS 洗 3 次，每次 5min。
2. 通透　切片放入 0.2% TritonX-100 以室温通透 8min，PBS 洗 3 次，每次 5min。
3. 抗体孵育
（1）封闭，5%BSA，室温 30min。
（2）滴加 Actin 单抗（兔源），于 37℃ 放置 1h，或者于 4℃ 过夜。
（3）以 PBS 洗涤 3 次，每次 3min。
（4）滴加 FITC 标记二抗（山羊抗兔），置于 37℃ 避光孵育 30 ～ 60min。
（5）以 PBS 洗涤 3 次，每次 3min。
（6）加 DAPI（10μg/mL）孵育 10min。
（7）PBS 洗涤 3 次，每次 3min。
4. 封片观察　在标本上滴加一小滴抗猝灭封片剂，用盖玻片小心封片，封片后用指甲油将盖玻片四周封闭，可用于荧光显微镜观察。

五、思 考 题 及 作 业

1. 荧光免疫荧光染色需要设置什么样的对照？为什么？
2. 荧光抗体为什么需要避光操作？

第三章　细胞形态与结构观察

实验 14　细胞形态的观测及显微测量

一、实验目的

1. 熟练掌握普通光学显微镜的使用方法。
2. 观察、了解不同动物细胞的基本形态与结构。
3. 掌握细胞临时制片的方法。
4. 学会使用测微尺，通过测量对细胞核质比进行分析。
5. 了解显微数码技术。

二、实验原理

　　细胞的形态结构与功能密切相关，在分化程度较高的细胞中更为明显。例如，具有收缩功能的肌细胞伸展为细长形；具有感受刺激和传导冲动功能的神经细胞有长短不一的树枝状突起；游离的血细胞为圆形、椭圆形或圆饼形。

　　不论细胞的形状如何，在光学显微镜下观察，细胞的结构一般分为三大部分：细胞膜、细胞质和细胞核。但也有例外，如哺乳类红细胞成熟时细胞核消失。在细胞实验中，应用测微尺对细胞大小进行标定是常用的技术手段。

　　测微尺包括目镜测微尺和镜台测微尺，两种尺配合使用可以对细胞大小进行测量。其中，目镜测微尺是一个放在目镜内的特制玻璃圆片，圆片中央刻有一条直线，此线被分为若干格，每格代表的长度随不同物镜的放大倍数而异，用前必须标定。镜台测微尺是在一个载玻片中央封固的尺，长 1mm（1000μm），被分为 100 格，每格长度是 10μm。当对细胞进行显微测量时，首先用镜台测微尺标定目镜测微尺，求出某一放大倍数时目镜测微尺每小格所代表的实际长度，然后再用目镜测微尺标定细胞。

三、实验用品

1. 材料　永久装片：人血涂片、蟾蜍血涂片、大白鼠小肠上皮细胞切片、骨骼肌切片。
2. 器材　配有目镜测微尺的显微镜、镜台测微尺、载玻片、盖玻片、牙签、擦镜纸等。
3. 试剂　1% 甲基蓝染液、清洁剂（乙醚和无水乙醇体积比：7 : 3）、二甲苯。

四、实验方法和步骤

　　1. 取出显微镜，打开光源，将标本放在载物台上，通过调节标本移动器和调焦器，观察标本中的细胞并绘制所观察到的细胞形态结构。

　　（1）人血涂片：显微镜下观察可见成熟红细胞为双凹圆盘状，无细胞核，白细胞形态各异。

　　（2）蟾蜍血涂片：显微镜下观察可见蟾蜍红细胞为椭球形，有细胞核。白细胞数目少，为圆形。

　　（3）大白鼠小肠上皮细胞切片：高倍镜下观察，小肠上皮为单层柱状上皮，由大量的柱状细胞及部分杯状细胞交错紧密排列而成。

（4）骨骼肌切片：在显微镜下观察，肌细胞为细长形，可见折光不同的横纹，每个肌细胞有多个核，分布于细胞的周边。

2. 标定目镜测微尺 将镜台测微尺放在显微镜的载物台上夹好，小心转动目镜测微尺和移动镜台测微尺使两尺平行，记录镜台测微尺若干格所对应的目镜测微尺的格数。按下式求出目镜测微尺每格代表的长度：

目镜测微尺每格代表的长度（μm）= 镜台测微尺的若干格数 / 对应的目镜测微尺的格数 ×10。

3. 人口腔上皮细胞标本的制备与观察 用牙签刮取口腔上皮细胞均匀地涂在擦净的载玻片上（不可反复涂抹），滴一滴甲基蓝染液，染色 5min，盖上盖玻片（用镊子轻轻夹住盖玻片的一端，将其对侧先接触载玻片染液，使其与载玻片呈小于 45° 的角度，慢慢倾斜盖下，防止气泡产生），吸去多余染液。显微镜下观察，可见口腔上皮细胞为扁平椭圆形，中央有椭圆形核，染成蓝色。

4. 测量人口腔上皮细胞 用标定过的目镜测微尺测量人口腔上皮细胞标本的细胞和细胞核的长短径，计算核质比。核质比 $N/D=V_n/(V_c-V_n)$（V_n 为细胞核的体积，V_c 是细胞的体积）计算细胞、细胞核体积的公式：

圆球形 $V=4/3\pi r^3$（r 为半径）

椭球形 $V=4/3\pi ab^2$（a、b 分别为长、短半径）

5. 显微数码技术简介 随着科学技术的发展，人们对微观世界的探索也在不断发展，计算机技术的飞速发展，出现了显微镜和计算机相结合的产物，在国外一些大公司生产的新型显微镜上都配有计算机图像处理系统。简单地说，显微图像的计算机采集系统就是将显微镜下观察到的图像用计算机采集下来并进行图像处理，该系统实现了对图像的实时采集，并可达到较高的分辨率，此外，还可对采集的图像进行分类管理和检索，查找起来非常方便快捷，还可对图像进行编辑合成、特殊处理等。如图 3-1 所示的细胞有丝分裂过程的记录和图 3-2 所示的细胞形态学测量。

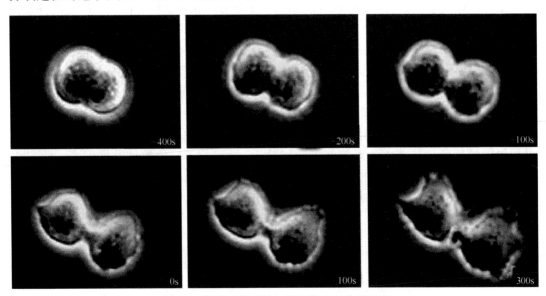

图 3-1 图像采集系统记录细胞有丝分裂过程

五、思考题及作业

1. 为什么不同组织的细胞具有不同的形态结构?

2. 绘制所观察标本的细胞形态结构并注明基本结构。

3. 分别计算使用低倍镜（10×）、高倍镜（40×）时目镜测微尺每格代表的长度。

4. 计算人口腔上皮细胞的核质比例。

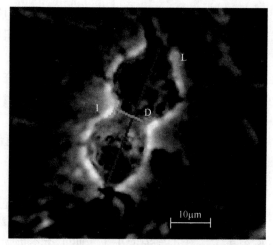

图 3-2　图像处理软件对细胞进行形态学测量
I. 间桥长度；D. 间桥直径；L. 两极之间的距离

实验 15　间接免疫荧光法观察微管

一、实 验 目 的

1. 掌握细胞微管的标记技术。
2. 掌握荧光显微镜的使用方法。
3. 了解细胞微管的形态特征。

二、实 验 原 理

细胞骨架是真核细胞细胞质中错综复杂的蛋白质纤维网络，主要包括微管、微丝和中间纤维及核骨架 - 核纤层体系。目前观察细胞骨架的手段主要有电子显微镜、间接免疫荧光技术、酶标、组织化学等。

微管是存在于细胞质的中空圆柱状结构，主要分布在细胞核周围，呈放射状分布；微管是鞭毛、纤毛等运动器及其中心粒的组成部分；微管具有维持细胞形态，决定细胞器空间定位，参与细胞内物质运输、细胞分裂，形成细胞特化结构等重要功能。

微管主要由微管蛋白和微管结合蛋白构成。其中，微管蛋白由 tubulin-α、tubulin-β 两种类型的微管蛋白亚基组成，这两种微管蛋白亚基均为球形酸性蛋白质，在细胞质中以二聚体形式存在。用抗微管蛋白的免疫血清（一级抗体，如兔抗微管蛋白抗体）与体外培养细胞一起温育，该抗体将与细胞质中的微管（抗原）特异结合，然后再加荧光素标记的抗球蛋白抗体（二级抗体），如 FITC 标记的羊抗兔抗体共同温育，该二级抗体与一级抗体结合，从而使微管间接地标上荧光素。置荧光显微镜下用一定波长激发光照射即由荧光所在显示出微管的形态和分布。因此，间接免疫荧光法能清晰地显示微管结构。

三、实 验 用 品

1. 材料　体外培养的动物细胞。
2. 器材　荧光显微镜、超净工作台、培养瓶或培养皿、载玻片、盖玻片、镊子、酒精灯、小染色缸、湿盒、12孔培养板等。

3. 试剂　PEM缓冲液、3%乙酸溶液、洗衣粉、蒸馏水、75%乙醇溶液、4%多聚甲醛（溶于PEM缓冲液）、0.5% Triton X-100（溶于PEM缓冲液）、PBS（pH 7.0）、一抗（如鼠抗tubulin-α）、二抗（如羊抗小鼠IgG-FITC）、甘油-苯二胺缓冲液。

4. 主要试剂配制　PEM缓冲液：称取Pipes 18.14g，Hepes 6.5g，EGTA 3.8g，$MgSO_4$ 0.99g，溶于蒸馏水，容量瓶定容至0.5L，pH调至6.9。

四、实验方法和步骤

1. 细胞的培养与固定

（1）盖玻片处理：以3%乙酸溶液浸泡盖玻片0.5h，经过洗衣粉水洗净，蒸馏水冲洗3遍，再用75%乙醇溶液浸泡1h以上。在超净工作台中，用镊子取出盖玻片，过酒精灯火焰烧一下，使盖玻片上乙醇及水分蒸发，放入12孔培养板中备用。

（2）细胞爬片：经处理的盖玻片放入12孔培养板中，加入$1×10^5$/mL细胞，细胞生长于盖玻片并通过细胞自身分泌的细胞外基质，黏附于盖玻片上，待细胞生长到对数生长期时，取出盖玻片。

（3）用预冷的PBS轻轻漂洗盖玻片3次，每次1min。

（4）将细胞置入4%多聚甲醛中以室温固定15min。

（5）用PBS洗3次，每次5min。

（6）加0.5% Triton X-100于冰上放置5min，用PBS洗3次，每次5min。

2. 微管的标记与观察

（1）将盖玻片置于载玻片上（有细胞的一面向上），分为实验组和对照组。实验组滴加抗微管蛋白一抗（如鼠抗tubulin-α），对照组滴加相同量的PBS。将载玻片放在加有PBS的潮湿培养瓶或培养皿中，37℃温箱中温育45min。

（2）用37℃ PBS洗3次，每次5min。

（3）滴加FITC标记的二抗（如羊抗小鼠IgG-FITC），放在原培养皿中再温育45min。

（4）用37℃ PBS洗2次。

（5）滴加甘油-苯二胺缓冲液后，加盖玻片，在荧光显微镜下观察。

五、思考题及作业

1. 实验中为什么要控制细胞密度？
2. 实验中的抗体浓度如何确定？浓度过高或过低会造成什么影响？
3. 设计一组实验，确定最佳抗体孵育时间和孵育温度。

实验16　鬼笔环肽对微丝的标记与观察
一、实验目的

1. 掌握细胞微丝的标记技术。
2. 了解细胞微丝的形态特征。

二、实 验 原 理

微丝又称肌动蛋白纤维，是由两条肌动蛋白单链盘绕而成的双螺旋结构，直径约为7nm，螺距为37nm。微丝主要分布在细胞质膜的内侧；具有维持细胞的形态结构，参与细胞运动、细胞分裂、肌肉收缩、物质运输、受精作用等重要功能。

微丝主要由肌动蛋白和微丝结合蛋白组成。其中肌动蛋白包括球状肌动蛋白（肌动蛋白单体，G-actin）与纤维状肌动蛋白（肌动蛋白聚合体，F-actin）两种存在形式，而且G-actin 与 F-actin 之间可以相互转换。

微丝的装配过程包括成核期、延伸期与稳定状态期，影响微丝装配的药物包括细胞松弛素 B 与鬼笔环肽。其中细胞松弛素 B 能破坏微丝，结合在微丝末端阻抑肌动蛋白聚合；鬼笔环肽是一种从毒性菇类中分离的生物碱，能结合在肌动蛋白亚单位之间，稳定微丝，促进微丝聚合。鬼笔环肽只与聚合的微丝结合，而不与肌动蛋白单体分子结合，是微丝骨架研究的常用药物。因此，荧光素标记的鬼笔环肽染色法能很好地显示出微丝结构。

三、实 验 用 品

1. 材料　体外培养的动物细胞。

2. 器材　荧光显微镜、二氧化碳培养箱、倒置显微镜、水平摇床、超净工作台、培养瓶或培养皿、载玻片、盖玻片、镊子、微量加样器及无菌加样器头、Parafilm膜、小染色缸、湿盒等。

3. 试剂　PEM 缓冲液、4% 多聚甲醛（溶于 PEM 缓冲液）、0.5% Triton X-100（溶于 PEM 缓冲液）、55nmol/L Alex- 鬼笔环肽、甘油 - 苯二胺缓冲液。

4. 主要试剂配制　PEM 缓冲液：称取 Pipes 18.14g，Hepes 6.5g，EGTA 3.8g，$MgSO_4$ 0.99g，溶于蒸馏水，容量瓶定容至 0.5L，pH 调至 6.9。

四、实验方法和步骤

1. 细胞的培养与固定

（1）盖玻片处理和细胞爬片同实验 15。

（2）取出盖玻片，室温下用 PEM 缓冲液洗 3 次，每次 1min。

（3）用 0.5% Triton X-100 处理 10min。

（4）用 PEM 缓冲液洗 3 次，每次 1min。

（5）用 4% 多聚甲醛固定细胞 15min。

（6）用 PEM 缓冲液洗 3 次，每次 1min。

2. 微丝的标记与观察

（1）取 55nmol/L Alex- 鬼笔环肽 10mL 于湿盒中室温下染色 30min。

（2）用 PEM 缓冲液洗 3 次，每次 10min。

（3）滴加甘油 - 苯二胺缓冲液后，加盖玻片，在荧光显微镜下观察。

五、思考题及作业

1. 制片后为什么要尽快观察？

2. 可以使用细胞松弛素 B 标记微丝吗？为什么？

3. 设计一组未经 0.5% Triton X-100 处理的细胞，分析 Triton X-100 处理的作用。

4. 鬼笔环肽标记微丝实验能用甲醇固定细胞吗？为什么？

实验 17　考马斯亮蓝 R250 显示植物细胞骨架

一、实验目的

1. 掌握植物细胞骨架的标记技术。

2. 了解不同种类细胞骨架的形态特征。

二、实验原理

细胞骨架是真核细胞细胞质中错综复杂的蛋白质纤维网络，主要包括微管、微丝和中间纤维及核骨架 - 核纤层体系。微管主要分布在细胞核周围，呈放射状分布；微丝主要分布在细胞质膜的内侧；中间纤维则分布在整个细胞中。细胞骨架具有维持细胞形态结构和内部结构的有序性，以及参与细胞运动、物质运输、能量转换、信息传递和细胞分裂等重要功能。

目前观察细胞骨架的手段主要有电子显微镜、间接免疫荧光技术、酶标和组织化学技术等。微丝是由肌动蛋白构成的纤维，在光学显微镜下看不到。本实验应用考马斯亮蓝 R250 染色显示植物细胞的微丝。考马斯亮蓝 R250 是一种普通的蛋白质染料，它可以使各种细胞骨架蛋白质着色，并非特异地显示微丝，但是由于有些细胞骨架纤维在该实验条件下不够稳定，如微管；还有些类型的纤维太细，在光学显微镜下无法分辨，因此我们看到的主要是微丝组成的张力纤维，直径约 40nm。实验中用 0.5% Triton X-100 可抽提细胞质中除骨架蛋白以外的其他蛋白质，能清晰地显示微丝束。因此，考马斯亮蓝 R250 染色法广泛用来显示植物细胞骨架。

三、实验用品

1. 材料　新鲜洋葱鳞茎。

2. 器材　普通光学显微镜、镊子、载玻片、盖玻片、50mL 烧杯等。

3. 试剂　0.2% 考马斯亮蓝 R250 染色液、PBS（pH 6.8）、M 缓冲液、1% Triton X-100、3% 戊二醛、蒸馏水。

4. 主要试剂配制

（1）2% 考马斯亮蓝 R250 染色液：称取 0.2g 考马斯亮蓝 R250 粉，置于烧杯中；加入甲醇 46.5mL，搅拌溶解；加入冰醋酸 7mL，均匀搅拌；加入蒸馏水 46.5mL 均匀搅拌。

（2）M 缓冲液：称取咪唑 3.40g，KCl 3.73g，$MgCl_2 \cdot 6H_2O$ 0.1g，EGTA 0.38g，EDTA·$2H_2O$ 0.04g，巯基乙醇 70μL，甘油 294.8mL，充分溶于烧杯，加水定容至 1L，pH 调至 7.2。

四、实验方法和步骤

1. 用镊子撕取洋葱鳞茎内侧的表皮若干片（约 1cm²），置于 50mL 烧杯中，加入 PBS，使其下沉。

2. 吸去 PBS，用 1% Triton X-100 处理 20min。

3. 吸去 1% Triton X-100，用 M 缓冲液洗 3 次，每次 5min。

4. 用 3% 戊二醛固定 30min。

5. 用 PBS 洗 3 次，每次 5min。

6. 0.2% 考马斯亮蓝 R250 染色 10min。

7. 用蒸馏水洗 2 次，然后将样品置于载玻片上，加盖玻片，用普通光学显微镜观察。实验结果参见图 3-3。

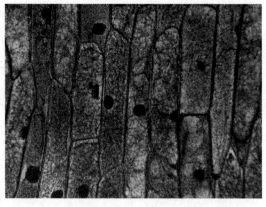

图 3-3　考马斯亮蓝 R250 显示植物细胞骨架

五、思考题及作业

1. 洋葱表皮细胞中，质膜下、核周、细胞质中的细胞骨架的分布有无不同？

2. 为什么实验中所观察到的洋葱表皮细胞骨架有的呈纤维状，有的呈串球状？

3. 描述光学显微镜下观察到的细胞骨架形态特征。

4. 分析该实验成功或失败的原因。

实验 18　线粒体的活体染色与观察

一、实 验 目 的

1. 掌握线粒体活体染色的原理。

2. 学习活体染色技术，观察动、植物活细胞内线粒体的形态、数量与分布。

二、实 验 原 理

活体染色是应用无毒或毒性较小的染色剂真实地显示活细胞内某些结构而又很少影响细胞生命活动的一种染色方法。活体染色技术可用来研究生活状态下的细胞形态结构和生理、病理状态。活体染色分为体内活体染色和体外活体染色。体外活体染色又称为超活染色，是指活的动物或植物分离出来的一部分细胞或一部分组织被一种活体染色剂染色而不影响细胞或组织的生命。体内活体染色是以胶体状的染料溶液注入动、植物体内，染料的胶粒固定、堆积在细胞内某些特殊结构里，达到易于识别的目的。

线粒体是细胞进行氧化和能量转换的主要场所，被称为能量转换器，线粒体为细胞提供生命活动所需能量的 95%，所以线粒体被比喻为细胞的"动力工厂"。线粒体是由外膜与内膜两层单位膜构成的膜性细胞器，内部空间分为膜间腔与基质腔，其中内膜与基质腔内分布有大量的酶类，参与物质分解和氧化磷酸化。线粒体的鉴定一般用詹纳斯绿 B（Janus green B）活染法检测。

詹纳斯绿 B 是毒性较小的碱性染料，也是线粒体的专一性活体染色剂。线粒体中细胞色素氧化酶使该染料保持氧化状态呈现蓝绿色从而使线粒体显色，而细胞质中染料被还原成无色。因此，在光学显微镜下很容易观察到这种呈现特殊颜色的线粒体。

在光学显微镜下，线粒体呈多种形态：线状、杆状、粒状、圆形、哑铃形、分支状等。线粒体的形态与细胞的种类和所处的生理状态有关。

三、实 验 用 品

1. 材料　人口腔黏膜上皮细胞、洋葱鳞茎。
2. 器材　光学显微镜、载玻片、盖玻片、吸管、吸水纸、牙签。
3. 试剂　林格（Ringer）液、1/5000 詹纳斯绿 B 溶液、二甲苯、香柏油。
4. 主要试剂配制

（1）Ringer 液：称量氯化钠 0.85g、氯化钾 0.25g、氯化钙 0.03g，溶解后用蒸馏水定容至 100mL。

（2）1% 詹纳斯绿 B 溶液（原液）：称取 50mg 詹纳斯绿 B 溶于 5mL Ringer 液，稍微加热（30～40℃），使之溶解，用滤纸过滤，即为 1% 原液。

（3）1/5000 詹纳斯绿 B 溶液（工作液）：取 1% 原液 1mL，加入 49mL Ringer 液，混匀即可。现用现配。

四、实验方法和步骤

1. 人口腔黏膜上皮细胞线粒体的超活染色观察

（1）取清洁载玻片平放在实验台上，滴 2 滴 1/5000 詹纳斯绿 B 溶液。

（2）实验者用牙签宽头在自己口腔黏膜处稍用力刮取上皮细胞，将刮下的黏液状物放入载玻片的染液滴中，染色 10～15min（注意不可使染液干燥，必要时可再加滴染液），盖上盖玻片，用吸水纸吸去四周溢出的染液，置于光学显微镜下观察。

（3）观察：在低倍镜下，选择平展的口腔上皮细胞，换高倍镜或油镜进行观察。可见扁平状上皮细胞的核周围胞质中分布着一些被染成蓝绿色的颗粒状或短棒状的结构，即是线粒体。

2. 洋葱鳞茎表皮细胞线粒体中的超活染色观察

（1）用吸管吸取 1/5000 詹纳斯绿 B 溶液，滴一滴于干净的载玻片上，然后撕取一小片洋葱鳞茎内表皮，置于染液中，染色 10～15min。

（2）用吸管吸去染液，加一滴 Ringer 液，注意使内表皮组织展平，盖上盖玻片进行观察。

（3）在高倍镜下，可见洋葱表皮细胞中央被一大液泡所占据，细胞核被挤至一侧细胞壁处。观察细胞质中线粒体的形态与分布。

五、思考题及作业

1. 线粒体活体染色的原理是什么？
2. 绘制光学显微镜下人口腔黏膜上皮细胞中线粒体的形态和分布图。

实验 19　细胞核与线粒体的分离分级

一、实 验 目 的

1. 掌握差速离心法分离细胞器的原理。
2. 掌握离心机和匀浆器的使用方法。

二、实 验 原 理

细胞内不同结构的相对密度和大小都不相同，在同一离心场内的沉降速度也不相同，根据这一原理，常用不同转速的离心法，将细胞内各种组分分级分离出来。

分离细胞器最常用的方法是将组织制成匀浆，在均匀的悬浮介质中用差速离心法进行分离，其过程包括组织细胞匀浆、分级分离和分析三步，这种方法已成为研究亚细胞成分的化学组成、理化特性及其功能的主要手段。

低温条件下，将组织放在匀浆器中，加入等渗匀浆介质（即 0.25mol/L 蔗糖 -0.003mol/L 氯化钙）进行细胞破碎使之成为各种细胞器及其包含物的匀浆。

由低速到高速离心逐渐沉降。先用低转速使较大的颗粒沉淀，再用较高的转速，将浮在上清液中的颗粒沉淀下来，从而使各种细胞结构，如细胞核、线粒体等得以分离。该方法操作简单，离心后用倾倒法即可将上清液与沉淀分开，并可使用容量较大的角式转子。但是，该方法也存在一定的缺点，如由于样品中各种大小和密度不同的颗粒在离心开始时均匀分布在整个离心管中，所以每级离心得到的第一次沉淀必然不是纯的最重的颗粒，须经反复悬浮和离心加以纯化。此外，壁效应严重，特别是当颗粒很大或浓度很高时，在离心管一侧会出现沉淀。

细胞核是真核细胞内最大、最重要的细胞结构，是遗传物质储存、复制及转录的场所，是生命活动的控制中心。线粒体是真核细胞特有的，是能量转换的重要细胞器。细胞中能源物质——脂肪、糖、部分氨基酸在此进行最终的氧化，并通过偶联磷酸化生成 ATP，供给细胞生理活动所需。通过分级分离获得细胞核与线粒体，并用细胞化学和生化方法进行形态和功能鉴定。

三、实 验 用 品

1. 材料　小鼠、冰块。

2. 器材　玻璃匀浆器、普通离心机、台式高速离心机、普通天平、光学显微镜、载玻片、盖玻片、刻度离心管、高速离心管、滴管、吸管、10mL 量筒、25mL 烧杯、玻璃漏斗、解剖剪、镊子、吸水纸、纱布、平皿等。

3. 试剂　0.25mol/L 蔗糖 -0.003mol/L 氯化钙溶液、1% 甲苯胺蓝染液、0.02% 詹纳斯绿 B 染液、0.9% NaCl 溶液。

4. 主要试剂配制　0.25mol/L 蔗糖 -0.003mol/L 氯化钙溶液：称取蔗糖 85.5g，氯化钙 0.33g 溶于烧杯，加蒸馏水定容至 1L。

四、实验方法和步骤

1. 细胞核的分离提取

（1）用颈椎脱位的方法处死小鼠后，迅速剖开腹部取出肝脏，剪成小块（去除结缔组织）尽快置于盛有 0.9%NaCl 溶液的烧杯中，反复洗涤，尽量除去血污，用吸水纸吸去表面的液体。

（2）称取湿重约 1g 的肝组织放在平皿中，用量筒量取 8mL 预冷的 0.25mol/L 蔗糖 -0.003mol/L 氯化钙溶液，先加少量该溶液于平皿中，尽量剪碎肝组织后，再全部加入。

（3）剪碎的肝组织倒入匀浆管中，使匀浆器下端浸入盛有冰块的器皿中，左手持之，右手将匀浆捣杆垂直插入管中，上下转动研磨 3 ~ 5 次，用 3 层纱布过滤匀浆液于离心管中。

（4）将装有滤液的离心管配平后，放入离心机，以 2500r/min、4℃ 离心 15min；缓缓取上清液，移入高速离心管中，保存于有冰块的烧杯中，余下的沉淀物进行下一步骤。

（5）用 6mL 0.25mol/L 蔗糖 -0.003mol/L 氯化钙溶液悬浮沉淀物，以 2500r/min 离心 15min 弃上清液，将残留液用吸管吹打成悬液，滴一滴于干净的载玻片上，自然干燥。

（6）将涂片用 1% 甲苯胺蓝染色后盖片即可观察。

2. 高速离心分离提取线粒体

（1）将装有上清液的高速离心管，从装有冰块的烧杯中取出，配平后，以 17 000r/min 离心 20min，弃上清液，留取沉淀物。

（2）加入 0.25mol/L 蔗糖 -0.003mol/L 氯化钙液 1mL，用吸管吹打成悬液，以 17 000r/min 离心 20min，将上清液吸入另一试管中，留取沉淀物，加入 0.1mL 0.25mol/L 蔗糖 -0.003mol/L 氯化钙溶液混匀成悬液。

（3）取上清液和沉淀物悬液，分别滴一滴于干净载玻片上，各滴一滴 0.02% 詹纳斯绿 B 染液盖上盖玻片染色 20min。

（4）在油镜下观察。

五、思考题及作业

1. 组织匀浆时有哪些注意事项？

2. 差速离心与密度梯度离心方法有什么不同？各有什么优点？

3. 简要说明分级分离细胞的原理及意义。

实验 20 小鼠骨髓细胞染色体的制备

一、实 验 目 的

1. 掌握动物骨髓细胞染色体制备技术。

2. 学习动物细胞的滴片方法。

3. 观察小鼠染色体的形态特征和染色体数目。

二、实 验 原 理

染色体是细胞分裂时期（体细胞的有丝分裂和生殖细胞的减数分裂）遗传物质存在的特定形式，是染色体紧密包装的结果。染色体是有机体遗传信息的载体，对染色体的研究在生物进化、发育、遗传和变异中有十分重要的作用。

处于分裂期的细胞经秋水仙素或秋水仙胺处理，由于阻断了纺锤丝微管的组装，使细胞分裂停止于中期，此时染色体达到最大收缩，具有典型的形态。低渗处理使细胞破裂，便于染色体分散。该方法在临床上多用于白血病的研究，也可用于观察毒性物质对机体遗传物质——染色体损伤的状况。

本实验所用的小鼠骨髓细胞有高度的分裂活性并且数量非常多，因此不必进行体外培养，可直接观察到分裂期细胞。处于分裂期的细胞经秋水仙素处理后，可使分裂的细胞阻断在有丝分裂中期，再经低渗、固定、滴片染色等处理，便可制作较好的小鼠骨髓细胞染色体标本。

小鼠染色体 $2n=40$，均为端着丝粒染色体，雄性为 40，XY；雌性为 40，XX。

三、实 验 用 品

1. 材料　小鼠。

2. 器材　光学显微镜、恒温水浴锅、低速离心机、剪刀、吸管、纱布、注射器、针头、滴管及载玻片。

3. 试剂　2% 柠檬酸钠溶液、固定液（甲醇：冰醋酸 =3：1）、pH 7.2 磷酸缓冲液、吉姆萨（Giemsa）染液、0.1mg/mL 秋水仙素染液、0.075mol/L KCl 溶液。

4. 主要试剂配制

（1）2% 柠檬酸钠溶液：称取 10g 柠檬酸钠，加入 400mL 蒸馏水使其溶解，定容至 500mL，经高压蒸汽灭菌 15min 后在室温保存。

（2）Giemsa 染液：Giemsa 粉 1g，分析纯甘油 33mL，分析纯甲醇 33mL。配制方法：将 1g Giemsa 粉放入研钵中，加少许甘油，在研钵中研磨，直至无颗粒。然后将剩余甘油导入，在 60 ～ 65℃温箱中保温 2h（持续搅拌）后，加入甲醇搅拌均匀，过滤后保存于棕色瓶中，即为 Giemsa 原液。在制成后的 1 周内，每天摇一摇 Giemsa 原液，一般 2 周后使用为好，可长期保存。临用时将 Giemsa 原液与 pH 7.2 磷酸缓冲液按照 1：20 混合即为 Giemsa 染液。

（3）0.1mg/mL 秋水仙素溶液：戴上手套称取 1mg 秋水仙素放于无菌小瓶中，加入无菌 8.5g/L NaCl 溶液 10mL，待完全溶解后，经过滤除菌分装后避光保存于 4℃ 冰箱中。注意：秋水仙素有一定毒性，配制时需戴手套操作。

四、实验方法和步骤

1. 秋水仙素处理　取骨髓前 3h 给小鼠腹腔注入秋水仙素，注射剂量为 100μg/kg 动物体重。

2. 取骨髓　用损伤脊髓法处死小鼠，然后用剪刀剪开大腿上的皮肤和肌肉，取出大腿骨，用一小块纱布搓干净附在骨上的肌肉碎渣。剪掉股骨两端膨大的关节头，然后用注射器吸取 5mL 2% 柠檬酸钠溶液，插入股骨一端，将骨髓细胞冲洗至 10mL 的离心管中。可重复冲洗多次，直至骨髓腔呈白色。

3. 低渗处理　将所获得的细胞悬浮液以 1000r/min 离心 10min，吸去上清液，留 0.2mL 沉淀物，加 0.075mol/L KCl 溶液（37℃）至 8mL，将细胞沉淀物吹散打匀，在 37℃ 水浴低渗 25min。

4. 固定　低渗处理后，立即加入 1mL 新配制且预冷的固定液，吹打均匀，然后 1000r/min 离心 10min，弃上清液。沿管壁加固定液至 6mL，吹散细胞后静止固定 10min，即第一次固定。按上述条件离心，去上清液，再次加入固定液至 6mL，进行第二次固定。10min 后离心吸去上清液，留 0.2mL 沉淀物，再往沉淀物中滴加 4 滴固定液，混匀制成细胞悬液。

5. 滴片　取事先在冰箱中预冷的载玻片，从约 15cm 高处向每个载玻片上滴 1～2 滴细胞悬液于粘有冰水的载玻片上，晾干。

6. 染色　将载玻片放在支架上，用吸管吸取 Giemsa 染液滴在载玻片标本上，染色 20min，流水冲洗后晾干。

7. 观察　在光学显微镜下观察和分析。

8. 结果分析　在低倍镜下观察，可见大量骨髓细胞有丝分裂中期染色体。因在制片时细胞膜已破裂，故大部分细胞见不到细胞质。高倍镜或油镜下观察：小鼠染色体共 20 对，都为端着丝粒染色体，形态呈 U 形。其中 19 对为常染色体，1 对为性染色体，雄性为 XY，雌性为 XX，Y 染色体最小且没有副缢痕。

五、思考题及作业

1. 制备小鼠骨髓细胞染色体标本时，为什么要进行预固定？
2. 秋水仙素的作用是什么？
3. 绘制小鼠骨髓细胞中期分裂象染色体图。

第四章　细胞生理

实验 21　细胞膜的通透性
细胞膜通透性的观察

一、实 验 目 的

1. 观察动物红细胞在不同渗透压溶液中的溶血现象。
2. 理解细胞膜的选择通透性和物质交换功能中的简单扩散。
3. 学习区分死、活细胞的实验方法。

二、实 验 原 理

　　细胞膜是细胞与环境进行物质交换的屏障，是一种选择性通透膜。细胞通过细胞膜与细胞外环境进行选择性物质交换，不同的物质交换的形式有所不同。

　　当红细胞处于低渗盐溶液中时，水分子大量渗透到细胞内，使细胞膨胀，进而破裂，血红蛋白逸出细胞外，使溶液由不透明的红细胞悬液变为红色透明的血红蛋白溶液，这种现象称为溶血。

　　当红细胞处于某些等渗盐溶液中时，由于红细胞膜对各种溶质的通透性不同，膜两侧的渗透压平衡会发生变化，也会发生溶血现象。溶血现象可作为测量物质进入细胞速度的一种指标。

　　在乙二醇、丙三醇（甘油）、葡萄糖的等摩尔浓度高渗液中，脂溶性物质如乙二醇、丙三醇等分子容易透过细胞膜。当乙二醇等分子进入红细胞时，会使细胞内的渗透性活性分子的浓度大为增加，继而导致水的摄入，使细胞膨胀，细胞膜破裂，发生溶血。溶血现象发生的快慢与进入细胞的物质的分子量大小、脂溶性大小等有关。分子量大、脂溶性低的物质进入细胞慢，因此发生溶血所需的时间相对长。发生溶血者为低渗液，所以把发生溶血的前一管溶液的浓度近似视为红细胞等渗。

三、实 验 用 品

　　1. 材料　家兔。
　　2. 器材　剪刀、注射器、针头、硫酸纸、光学显微镜、吸管、烧杯、牙签、试管、载玻片、盖玻片等。
　　3. 试剂　蒸馏水、0.9% NaCl 溶液、1.6% NaCl 溶液、1mol/L 乙二醇水溶液、1mol/L 丙三醇水溶液、1mol/L 葡萄糖高渗液、3mol/L 甲醇溶液、3mol/L 乙醇溶液、3mol/L 丙醇溶液。

四、实 验 方 法 和 步 骤

　　1. 红细胞悬液的制备　先在烧杯中加入 0.9% NaCl 溶液 10mL。用空气栓塞法处死家兔，剪开家兔胸廓，暴露心脏，在心脏内抽取血液 5mL，注入烧杯中，轻轻振摇，混匀，制备成 50% 的红细胞悬液。注意观察红细胞悬液的特点，为一种不透明的红色液体。

2. 溶血现象

（1）每人取 3 支试管，依次编号为 1 号（低渗）、2 号（等渗）、3 号（高渗）。用不同的刻度吸管在 1、2、3 号试管内分别加入蒸馏水、0.9%NaCl 溶液和 1.6%NaCl 溶液各 2mL。

（2）在各试管中分别加入 50% 红细胞悬液 2 滴，用硫酸纸封住管口，倒置一次。

（3）观察红细胞在低渗、等渗和高渗溶液中的溶血现象（溶液的颜色变化、溶液是否透明等）。观察溶血时间，最长观察 10min。

（4）记录观察结果，将结果填入表 4-1，分析发生溶血的原因。

表 4-1　溶血现象

溶液	溶血现象	原因
低渗液（蒸馏水）		
等渗液（0.9% NaCl 溶液）		
高渗液（1.6% NaCl 溶液）		

3. 血细胞在不同渗透压溶液中的形态学特征

（1）用牙签分别蘸取上述试管的低渗、等渗和高渗溶液各 1 滴于载玻片上，盖上盖玻片。

（2）高倍镜下观察低渗、等渗和高渗溶液中的兔红细胞形态。

（3）记录观察结果，将结果填入表 4-2，分析细胞形态变化的原因。

表 4-2　细胞形态变化

溶液	兔红细胞形态特征
低渗液（蒸馏水）	
等渗液（0.9% NaCl 溶液）	
高渗液（1.6% NaCl 溶液）	

4. 分子量大小对膜通透性的影响

（1）在编号的 3 支试管中，分别吸入 2mL 1mol/L 乙二醇水溶液、1mol/L 丙三醇水溶液、1mol/L 葡萄糖高渗液。

（2）在各试管中分别加入 50% 红细胞悬液 2 滴，用硫酸纸封住管口，倒置 1 次。

（3）观察溶血时间，最长观察 10min。

（4）将实验结果填入表 4-3。

表 4-3　溶血时间

溶液	分子量	溶血时间（min）
1mol/L 乙二醇水溶液	62	
1mol/L 丙三醇水溶液	92	
1mol/L 葡萄糖高渗液	180	

5. 脂溶性大小对细胞膜通透性的影响   取乙二醇、丙三醇水溶液各 2mL 分别加入 2 支试管中，在各试管中分别加入 50% 红细胞悬液 2 滴，用硫酸纸封住管口，倒置 1 次。观察溶血时间，将结果填入表 4-4。

表 4-4   溶血时间

溶液	分子量	分配系数	溶血时间（min）
3mol/L 甲醇	32.04	0.0097	
3mol/L 乙醇	46.07	0.035	
3mol/L 丙醇	58	0.156	

细胞活性鉴定

死、活细胞的细胞膜通透性有差异：活细胞的细胞膜是一种选择性膜，对细胞起保护和屏障作用，只允许物质选择性的通过；而细胞死亡之后，细胞膜受损，通透性增加。

死、活细胞的鉴定在生物学和医学上具有很重要的意义。细胞培养过程中要随时记录细胞的生长情况，需要经常测定细胞的存活率；在肿瘤细胞的研究中，为了检验各种药物对肿瘤细胞的杀伤力，也需要测定肿瘤细胞的存活率。在临床医学中死、活细胞的鉴定也有很大的应用。例如，为了检测某一男子的生育能力，测定精子细胞的存活率是比较常用的办法。

死、活细胞的鉴定方法有很多种，染色法是常用的细胞死、活鉴定方法，简便，易于操作。

一、实验目的

实验目的同"细胞膜通透性的观察"。

二、实验原理

1. 台盼蓝染色法   常用台盼蓝鉴别细胞死、活。台盼蓝，又称锥虫蓝，是一种阴离子型染料，不能透过完整的细胞膜。所以台盼蓝只能使死细胞着色，而活细胞不被着色。甲基蓝有类似的染色机制。

2. 亚甲蓝染色法   死、活细胞在代谢上的差异，是采用亚甲蓝染料鉴定酵母细胞死、活的依据。亚甲蓝是一种无毒染料，氧化型为蓝色，还原型为无色。活细胞中新陈代谢的作用使细胞内具有较强的还原能力，能使亚甲蓝从蓝色的氧化型变为无色的还原型，因此亚甲蓝染色后活的酵母细胞无色；而死细胞或代谢缓慢的老细胞，则因它们的无还原能力或还原能力极弱，使亚甲蓝处于氧化态，从而被染成蓝色或淡蓝色。

3. 二乙酸荧光素（fluorescein diacetate，FDA）染色法   FDA 本身不产生荧光，也无极性，能自由渗透出入完整的细胞膜。当 FDA 进入活细胞后，被细胞内的酯酶分解，生成有极性的、能产生荧光的物质——荧光素，该物质不能自由透过活的细胞膜，积累在细胞膜内，因而使有活力的细胞产生绿色荧光；而无活力的细胞因不能使 FDA 分解，而无法产生荧光。

三、实验用品

1. 材料   酵母悬液。

2.器材　吸管、载玻片、盖玻片、吸水纸、光学显微镜等。

3.试剂　0.2%亚甲蓝染液。

四、实验步骤和方法

1.取酵母悬液 1 滴于洁净载玻片上。

2.滴 1 滴 0.2%亚甲蓝染液，加盖玻片。

3.吸水纸吸去多余水分后于光学显微镜下观察。

五、思考题及作业

1.在做细胞膜通透性实验时，吸管和试管一定要干燥，而且要专管专用，不能混用，为什么？

2.根据溶血结果说明脂溶性不同的物质对细胞膜的通透性有何影响？

3.FDA 能使活细胞产生荧光素吗？

4.分别绘出 2 个在等渗和高渗溶液状态下的兔红细胞形态，并简单分析它们各自出现溶血现象的原因。

5.请试着分析脂溶性对物质通过细胞膜的影响。

实验 22　细胞膜的流动性

一、实 验 目 的

1.掌握测定细胞膜流动性的方法。

2.了解荧光探针标记法测定细胞膜流动性的原理。

二、实 验 原 理

膜的流动性是生物膜的基本特征之一，主要指膜脂肪酸链部分及膜蛋白的运动。膜脂类分子在相变温度以上条件下主要有侧向扩散、旋转、左右摇摆、翻转等运动方式。膜蛋白的运动方式大体分为侧向及旋转运动。脂肪酸不饱和键含量和链的长度明显影响着膜脂流动性，不饱和键的存在会降低膜脂分子间排列的有序性，从而增加膜的流动性，短链能减低脂肪酸链尾部相互作用，在相变温度下，不易于凝集。此外，脂肪酸烃链围绕C—C 键由全反式构型到歪扭的旋转异构运动，也可使膜的流动性加大。

生物膜适宜的流动性是体现生物膜正常功能的必要条件，在一定范围内，膜流动性增加，有利于膜中酶分子的扩散和旋转运动，使酶活性增加。一些载体蛋白分子的运动性也取决于膜中脂类分子的流动性。研究发现肿瘤对化疗药物产生的耐药性主要与细胞膜 P- 糖蛋白过度表达谷胱甘肽及其相关酶系活性改变有关，也有许多研究表明耐药细胞膜流动性较亲代敏感细胞明显增加。另有实验研究发现腹水癌细胞的恶性程度随着膜流动性的增加而增加，白血病及转移的肿瘤细胞的膜流动性远远高于非转移肿瘤细胞。因此，对敏感及耐药的肿瘤细胞膜的流动性检测有着重要的意义。

膜流动性的测定方法主要有荧光探针标记法、电子自旋共振法、差示扫描量热法、X射线衍射法及磁共振等。在这里将重点介绍荧光探针标记法测定细胞膜流动性。常用于研究膜脂流动性的荧光探针为 1，6- 二苯基 -1，3，5- 己三烯（DPH）。DPH 掺入到细胞膜脂烃链区后，介质黏度增加，顺反异构受到抑制，成为唯一能发光的全反构型。DPH 分子长轴与脂肪酸烃链近似平行，其荧光强度可比较好地反映膜脂质区的微黏度，从而说明膜的流动性。

三、实 验 用 品

1. 材料　对数生长期肿瘤细胞。
2. 器材　荧光分光光度计、离心机、细胞培养箱、离心管、烧杯等。
3. 试剂　0.01mol/L 磷酸缓冲液、PBS、$2×10^6$mol/L DPH 溶液。
4. 主要试剂配制　0.01mol/L 磷酸缓冲液：分别称取 NaCl 7.2g 和磷酸氢二钠 1.48g 用蒸馏水溶解，混合后用蒸馏水定容至 1000mL，调 pH 至 7.2。

四、实验方法和步骤

1. 取对数生长期的肿瘤细胞，以 pH 为 7.2 的 0.01mol/L 磷酸盐缓冲液洗涤 2 次。
2. 取 10^7 个细胞，离心，加入 $2×10^6$ mol/L DPH 溶液 2mL。
3. 用细胞培养箱以 25℃ 振荡温育 30min，再用 PBS 洗涤 1 次。
4. 细胞悬浮于 4mL PBS 溶液中。
5. 测定仪器为荧光分光光度计，在激发波长 362nm、发射波长 432nm，狭缝宽度 10 条件下测定荧光强度。

注意事项：由于 DPH 可进入细胞内部，可合成其阳性离子衍生物 1-(4- 三甲胺苯基)-6- 苯基 -1，3，5- 己三烯（TMDPH）。TMDPH 不能透过细胞膜进入细胞，因此，理论上 TMDPH 标记法较 DPH 标记法更能准确地反映膜脂流动性。

五、思考题及作业

1. 用哪些方法可以检测细胞膜的流动性和通透性？
2. 用什么检测细胞膜流动性可信度最高？

实验 23　植物凝集素对红细胞的凝集作用

一、实 验 目 的

1. 掌握细胞凝集反应的方法。
2. 了解细胞发生凝集反应的原因。

二、实 验 原 理

红细胞凝集包括由病毒、细胞凝集素和抗体而引起的 3 种类型的细胞凝集现象。凝集素是从各种植物的种子和动物组织中提取的糖蛋白或结合糖蛋白，因为能凝集红细胞，故名凝集素。目前凝集素被认为与糖的运输、储存物质的积累、细胞间的互作及细胞分裂的调控有关。

凝集素使细胞凝集是其与细胞表面的糖分子连接、在细胞间形成"桥"的结果，加入与凝集素互补的糖可以抑制细胞发生凝集。大多数凝集素作为一种氮源存在于储藏器官中；对某些植物而言，当受到危害时，凝集素作为一种防御蛋白发挥作用。凝集素与糖结合的活性及专一性决定其功能。一种凝集素只对某一种特异的糖基具有特异结合的能力，如刀豆素 A 与吡喃糖基甘露糖结合，马铃薯凝集素专一结合的是 *N-* 乙酰氨基葡萄糖二聚体和 *N-* 乙酰氨基半乳糖。另外，凝集素还具有多价结合的能力，能与荧光素、酶、生物素、铁蛋白、胶体金结合而不影响其生物活性，可用于光学显微镜或电子显微镜水平的免疫细胞化学研究。

三、实 验 材 料

1. 材料　马铃薯块茎（去皮）、韭菜叶片、2% 兔血细胞液。
2. 器材　捣碎机、离心机、光学显微镜、离心管、滴管、载玻片等。
3. 试剂　磷酸缓冲液、蒸馏水、硫酸铵、生理盐水。
4. 主要试剂配制

（1）磷酸缓冲液：分别称取 NaCl 7.2g 和磷酸氢二钠 1.48g 用蒸馏水溶解，混合后用蒸馏水定容至 1000mL，调 pH 至 7.2。

（2）2% 兔血细胞液：以无菌方法抽取兔的静脉血液（加肝素抗凝剂）用生理盐水洗 5 次，每次 2000r/min 离心 5min，最后按红细胞体积加生理盐水配成 2% 兔血细胞液。

四、实验方法和步骤

1. 马铃薯块茎（去皮）

（1）提取凝集素：取 30mL 磷酸缓冲液，称取马铃薯块茎（去皮）4g，加少许磷酸缓冲液研磨成匀浆，加入剩余磷酸缓冲液，浸泡 2h，浸出的粗提液中含有可溶性马铃薯凝集素。

（2）测定血凝活性：用滴管吸取马铃薯凝集素粗提液和 2% 兔血细胞液各 1 滴，置于载玻片上，充分混匀，静置 10min 后于低倍显微镜下观察细胞凝集现象。

2. 韭菜叶片

（1）取韭菜叶片 3 ～ 5g 用蒸馏水洗净剪碎，按 1 : 1（*W/V*）加入生理盐水，研磨成匀浆，过滤，滤液在 5000r/min 下离心 20min，弃沉淀，留上清液。

（2）上清液加硫酸铵（约 1.8g）至 60% 饱和度沉淀，5000r/min 下离心 20min，沉淀用 1mL 磷酸缓冲液溶解。

（3）用滴管吸取韭菜凝集素提取液和 2% 兔血细胞液各 1 滴，置于载玻片上，充分混匀，静置 10min 后于光学显微镜下观察细胞凝集现象。用 1 滴磷酸缓冲液和 1 滴 2% 兔血细胞液混合作为对照观察。

五、思考题及作业

1. 植物细胞凝集素在兔红细胞液凝集过程中所起的作用是什么？
2. 哪些因素影响细胞凝集反应？
3. 绘图表示血细胞凝集现象，并说明原因。
4. 比较马铃薯和韭菜凝集素的凝集效果（可用凝集率、细胞产生凝集所需时间作为比较依据）。

实验 24 小鼠腹腔巨噬细胞的吞噬实验

一、实验目的

1. 掌握小鼠腹腔巨噬细胞吞噬现象的原理。
2. 熟悉细胞吞噬作用的基本过程。

二、实验原理

细胞吞噬作用原来是单细胞动物摄取营养物质的方式，也起原始防御作用。随着动物界的进化，在高等动物中发展生成大小两类吞噬细胞（即巨噬细胞和中性粒细胞），专司吞噬作用，成为非特异免疫功能的重要组成部分。

巨噬细胞由骨髓干细胞分化生成，然后进入血液到达各组织内，并进一步分化为各种巨噬细胞。当病原微生物或其他异物侵入机体时，能招引巨噬细胞，而巨噬细胞又有趋化性，能响应招引因子的招引，产生活跃的变形运动，主动向病原体和异物移行，在接触到病原体或异物时，即伸出伪足，将之包围，并内吞入胞质，形成吞噬体，继而细胞质中的初级溶酶体与吞噬泡发生融合，形成吞噬性溶酶体，通过其中水解酶等作用下，将病原体杀死，消化分解，最后将不能消化的残渣排出细胞外。吞噬泡的形成需要有微丝及其结合蛋白的帮助，如果用降解微丝的药物细胞松弛素 B 处理细胞，则可阻断吞噬泡的形成。

在机体的免疫过程中，巨噬细胞承担着噬菌、杀菌、清除体内被损伤和衰老的细胞，以及传递抗原信息的任务，巨噬细胞将捕获的抗原进行加工处理后，把降解的抗原信息传递给 T 淋巴细胞、B 淋巴细胞。巨噬细胞又是天然杀伤细胞（NK cell）的激活剂，而且对 B 淋巴细胞的激活、增殖和分化具有调节作用。

三、实验用品

1. 材料 小鼠、0.5% 鸡红细胞悬液。
2. 器材 光学显微镜、解剖盘、剪刀、镊子、1mL 注射器、载玻片、盖玻片、吸管、离心机等。
3. 试剂 生理盐水、6% 淀粉溶液、0.3% 台盼蓝染液。
4. 主要试剂配制
（1）6% 淀粉溶液：可溶性淀粉 6.0g 加水 100mL 煮沸备用。
（2）0.3% 台盼蓝染液：称取台盼蓝粉 0.3g，溶于 100mL 生理盐水中，加热使之完全溶解，用滤纸过滤除渣，装入瓶内以室温保存。

四、实验方法和步骤

1. 鸡翅下静脉取血后，加生理盐水离心 2 次，然后根据获得的红细胞的体积加入适量的生理盐水，使用的鸡红细胞悬液浓度为 0.5%。
2. 实验前一天，向小鼠腹腔注射 1mL 6% 淀粉溶液。
3. 实验前 30min，向腹腔内注射 1mL 0.5% 的鸡红细胞悬液，并轻揉腹部，使鸡红细胞悬液分散。

4. 30min 后，用脊椎脱臼法处死小鼠。

5. 迅速剖开腹腔，用装针头的注射器吸取腹腔液。

6. 在干净的载玻片上滴加 1 滴腹腔液，盖上盖玻片，光学显微镜下检查。

7. 结果观察：先在高倍镜下分辨鸡红细胞和巨噬细胞，并变换视野，仔细观察巨噬细胞吞噬鸡红细胞的过程。

鸡红细胞为淡红色、椭圆形、有核的细胞。体积较大呈圆形或不规则的细胞，其表面有许多毛刺状的小突起（伪足），细胞质中有数量不等的蓝色颗粒（为吞入的含台盼蓝及淀粉的吞噬泡）即为巨噬细胞。

可见有的鸡红细胞（一至多个）贴附于巨噬细胞的表面；有的巨噬细胞已将 1 至多个红细胞部分吞入；有的已吞入 1 个或几个红细胞的巨噬细胞在细胞质中刚形成椭圆形的吞噬泡；有的巨噬细胞内的吞噬体缩小，并呈圆形，这是因为吞噬体与初级溶酶体发生融合，泡内物正在被消化分解。

注意事项：腹腔注射时不要刺伤内脏；观察时，将视野调暗。

五、思考题及作业

1. 实验前一天为什么要向小鼠腹腔注射 6% 淀粉溶液？

2. 绘制小鼠腹腔巨噬细胞吞噬鸡红细胞的各种形态。

3. 计算吞噬细胞吞噬百分数。

第五章　细胞化学成分的显示

实验 25　细胞中 DNA 和 RNA 的显示

一、实　验　目　的

1. 熟悉福尔根反应、Brachet 反应和吖啶橙荧光染色法的原理及方法。
2. 掌握洋葱根尖、洋葱表皮临时装片及血涂片的制作方法。
3. 了解细胞内 DNA 和 RNA 的分布位置。

二、实　验　原　理

　　DNA 是遗传信息的主要载体。真核细胞的 DNA 主要位于细胞核，这种定位可能对于基因组的稳定性和生命活动的维持具有重要的意义。真核生物中 DNA 也存在于线粒体和叶绿体，负责线粒体和叶绿体自身所需的多种基因的编码。线粒体和叶绿体中的 DNA 同核内基因组相比很小，如人类线粒体基因组只有 16 569 个碱基对，因此在染色检测时很少能看到。RNA 是遗传信息的携带者。真核生物 RNA 主要位于细胞质，这种定位对于遗传信息经由 RNA 翻译成蛋白质执行功能非常重要。有些 RNA 也定位于细胞核，如核糖体 RNA，但这些核内定位 RNA 同细胞质中的信使 RNA 相比很小。

　　对 DNA 和 RNA 进行显色反应常用的方法是福尔根（Feulgen）反应，Brachet 反应和吖啶橙荧光染色法。

　　Feulgen 反应的原理：由德国医生和化学家 Feulgen 等建立的 Feulgen 染色法是显示 DNA 的经典方法。DNA 是由许多单核苷酸聚合成的多核苷酸，每个单核苷酸又由磷酸、脱氧核糖和碱基构成。DNA 经 1mol/L 盐酸水解，其上的嘌呤碱和脱氧核糖之间的键打开，使脱氧核糖的第一碳原子上形成游离的醛基，这些醛基与希夫（Schiff）试剂反应。Schiff 试剂是由碱性品红和偏重亚硫酸钠作用形成的无色品红液。当无色品红与醛基结合则形成紫红色的化合物。紫红色的产生，是由于反应产物的分子内含有醌基，醌基是一个发色基团，所以具有颜色。因此 DNA 经 Feulgen 染色法处理后显示紫红色。如果材料不经过水解或预先用热的三氯乙酸或 DNA 酶处理，不能形成游离的醛基，得到的反应是阴性的，从而证明了 Feulgen 反应的专一性。此法对 DNA 即可定位又可用显微分光光度计定量分析。Feulgen 染色在光照下会发生猝灭，所以在使用时注意避光。封片剂的使用可以减少猝灭。Eukitt、Clearmount 和 Permount 三种常用封片剂中 Eukitt 效果最好。Feulgen 法甚至可以对经过 HE 染色的免疫组化样品进行染色从而进行 DNA 分析。也就是说，对先前常规染色的细胞样品进行细胞 DNA 分析是可行和可靠的。这种方法允许对患者的细胞学长期随访数据资料进行回顾性研究。

　　Brachet 反应的原理：该方法是由 Brachet 等建立起来对核酸染色的方法。核酸为酸性，它们与碱性染料甲基绿（methyl green）和派洛宁（pyronin）具有亲和力。用甲基绿 - 派洛宁混合液处理细胞，可使 DNA 和 RNA 呈现出不同的颜色，原因在于 DNA 和 RNA 聚合程度有所不同。甲基绿分子上有两个相对的正电荷，它与细胞核中聚合程度较高的 DNA 分子选择性结合，可使 DNA 分子染成蓝色或绿色；而派洛宁分子仅带一个正电荷，可与核仁、细胞质中低聚性的 DNA 和 RNA 分子相结合使其染成红色。

吖啶橙荧光染色法的原理：吖啶橙（acridine orange，AO）是极灵敏的荧光染料，它可对细胞中的 DNA 和 RNA 同时染色而显示不同颜色的荧光。当与 DNA 结合时，它在光谱上与荧光素非常相似，最大激发波长为 502nm，最大发射波长为 525nm（绿色）。当它与 RNA 结合时，激发最大值转移到 460nm（蓝色），发射最大值转移到 650nm（红色）。它与双链 DNA 的结合方式是嵌入双链之间，而与单链 RNA 则由静电吸引堆积在其磷酸根上。吖啶橙的阳离子也可以结合在蛋白质、多糖和膜上而发荧光，但细胞固定阻抑了这种结合，从而主要显示 DNA、RNA 两种核酸。吖啶橙也会进入酸性的小室，如溶酶体，在那里它会被质子化和隔离。在这些低 pH 的囊泡中，染料在蓝光激发下发出红色荧光。因此，吖啶橙可以用来观察初级溶酶体和吞噬体，它们可能包括凋亡细胞吞噬作用的产物。

三、实验用品

1. 材料　洋葱、蟾蜍、人口腔黏膜上皮细胞。

2. 器材　光学显微镜、荧光显微镜、温度计、剪刀、镊子、天平、量筒、注射器、载玻片、盖玻片、吸水纸、染色缸、染色架、牙签等。

3. 试剂　1mol/L HCl、Schiff 试剂、亚硫酸水溶液、0.2mol/L 乙酸缓冲溶液、2% 甲基绿染液、1% 派洛宁染液、甲基绿 - 派洛宁混合染液、70% 乙醇溶液、95% 乙醇溶液、蒸馏水、0.1mol/L PBS（pH 7.0）、0.01% 吖啶橙染液。

4. 主要试剂配制

（1）1mol/L HCl：取 82.5mL 相对密度为 1.19（含 HCl 37%，浓度约为 12mol/L）的盐酸加蒸馏水 1000mL 即成（应将盐酸缓缓加入水中）。

（2）Schiff 试剂：将 0.5g 碱性品红加入 100mL 煮沸的蒸馏水中，充分搅拌，必要时可再煮 5min，使之充分溶解；然后冷却至 50℃ 时过滤到具有玻璃塞的棕色试剂瓶，加入 10mL 1mol/L HCl，冷却至 25℃ 时加入 0.5g 偏重亚硫酸钠，在室温黑暗条件下静置 24h，其颜色呈褐色或淡黄色，加活性炭 0.5g 剧烈振荡摇匀 1min；过滤，滤液为无色。置棕色瓶密封，外包黑纸，以 4℃ 保存。

（3）亚硫酸水溶液：在 200mL 自来水中加入 10mL 10% 的偏亚硫酸钠（或偏亚硫酸钾）溶液，或加入 10mL 30% 的偏重亚硫酸钠溶液，再加入 1mol/L HCl 10mL 即成，盖紧瓶塞。此溶液要现配现用。

（4）0.2mol/L 乙酸缓冲溶液：取 1.2mL 冰醋酸加入到 98.8mL 蒸馏水中，混匀；再称取 2.7g 乙酸钠（NaAC·3H$_2$O）溶于 100mL 蒸馏水中，使用时按 2 ∶ 3 的比例混合以上两液即成 0.2mol/L 乙酸缓冲溶液。

（5）甲基绿 - 派洛宁混合染液：称取 2.0g 去杂质甲基绿溶于 100mL 0.2mol/L 的乙酸缓冲溶液中，用滤纸过滤后，配成 2% 甲基绿染液，将滤液放入棕色瓶中备用。称取 1g 派洛宁溶于 100mL 0.2mol/L 乙酸缓冲溶液中混匀，配成 1% 派洛宁染液，放入棕色瓶中备用；将 2% 甲基绿液和 1% 派洛宁液以 5 ∶ 2 的比例混合均匀即可，该染液应现配现用，不宜久置。

（6）0.1mol/L PBS（pH 7.0）：A 液为取 NaH$_2$PO$_4$·H$_2$O 2.76g 加蒸馏水至 100mL；B 液为取 Na$_2$HPO$_4$·7H$_2$O 5.36g 加蒸馏水至 100mL；取 A 液 16.5mL、B 液 33.5mL、NaCl 8.5g

用蒸馏水稀释至 100mL。

（7）0.01% 吖啶橙染液：0.1g 吖啶橙加蒸馏水至 100mL 即为 0.1% 吖啶橙原液。临用时配制 0.01% 吖啶橙染液：将 0.1% 吖啶橙原液用 pH 7.0 PBS 稀释。

四、实验方法和步骤

1. Feulgen 反应显示洋葱根尖细胞中 DNA

（1）剪取 0.5cm 长的洋葱根尖，置于 1mol/L HCl 溶液中加热至 60℃ 水解 8 ～ 10min。对照组：洋葱根尖不经 1mol/L HCl 处理。

（2）取出洋葱根尖用蒸馏水漂洗片刻。

（3）加 0.5ml Schiff 试剂遮光染色 30min。

（4）用新配制的亚硫酸水溶液洗 3 次，每次 2min。

（5）自来水漂洗 3 次，每次 2min，蒸馏水漂洗 1 次。

（6）将根尖置于载玻片上，加盖玻片，轻压至扁平状。

（7）观察：在光学显微镜下观察细胞各部分结构及染色反应，DNA 所在部位被染成紫红色。

2. Brachet 反应显示蟾蜍血细胞中 DNA 和 RNA

（1）制备蟾蜍血涂片：打开蟾蜍胸腔，暴露心脏，剪开心包，用注射器取心脏血，滴 1 小滴在干净的载玻片一端，取另一个载玻片使其一端紧贴血滴，待血液沿其边缘散开后，以 30° ～ 45° 角向载玻片的另一端推去，制成薄而均匀的血涂片，室温下晾干。

（2）固定：将晾干的血涂片浸入 70% 乙醇溶液中固定 5 ～ 10min，取出后室温下晾干。

（3）染色：将血涂片平放在染色架上，加数滴甲基绿 - 派洛宁混合液于血涂片标本上，染色 15 ～ 20min。

（4）冲洗：先用细流水冲洗掉多余的染料，再用蒸馏水漂洗标本片 2 ～ 3 次（3s/ 次），并用吸水纸吸去多余的水分。

（5）分化：将血涂片在 95% 乙醇溶液中迅速蘸一下（2 ～ 3s），取出晾干。

（6）观察：在光学显微镜下可见细胞质呈红色，细胞核呈绿色或蓝色，而其中核仁被染成紫红色。

3. Brachet 反应显示洋葱表皮细胞中 DNA 和 RNA

（1）用镊子撕取 1 小块洋葱鳞茎表皮置于载玻片上。

（2）取 1 滴甲基绿 - 派洛宁染液滴在表皮上，处理 30 ～ 40min。

（3）蒸馏水冲洗表皮，并立即用吸水纸吸干（因为派洛宁易脱色）。

（4）盖上盖玻片后置于显微镜下观察。可见细胞核除核仁外均被染成蓝绿色，表明其含有 DNA；而细胞质因含有较多 RNA 故被染成红色。

4. 吖啶橙荧光染色法显示人口腔黏膜上皮细胞中 DNA 和 RNA

（1）用牙签刮取口腔上皮细胞涂在干净载玻片上。

（2）95% 乙醇溶液固定 5min。

（3）滴加 0.01% 吖啶橙染液染色 5min。

（4）用 0.1mol/L PBS（pH 7.0）缓慢冲洗。

（5）加盖玻片镜检：在荧光显微镜下（选用紫蓝光激发滤片），可见含 DNA 的细胞核显示黄绿色荧光，含 RNA 的细胞质及核仁显示橘红色荧光。

五、思考题及作业

1. 解释 Feulgen 反应显示 DNA 的实验中 1mol/L HCl 和亚硫酸水溶液的作用。

2. 在 Brachet 反应显示 DNA 和 RNA 的实验中，如果用 70% 乙醇溶液固定后没有晾干即进行下一步，实验结果将会如何？并解释其中的原因。

3. 为什么吖啶橙染色后 DNA 和 RNA 会显示不同的颜色？

实验 26　细胞中酸性蛋白和碱性蛋白的显示

一、实验目的

1. 掌握细胞内酸性蛋白和碱性蛋白的染色原理及方法。

2. 观察蟾蜍红细胞内酸性蛋白和碱性蛋白在细胞中的分布。

二、实验原理

蛋白质由氨基酸组成。酸性蛋白是以酸性氨基酸成分为主的蛋白质，碱性蛋白是以碱性氨基酸成分为主的蛋白质。蛋白质的基本组成单位是氨基酸，是两性电解质。在不同的 pH 下，蛋白质可解离为正离子、负离子或两性离子，当蛋白质处于某一 pH 溶液时，它恰好带有相等的正、负电荷，这时溶液的 pH 即为该蛋白质的等电点。不同蛋白质分子所带有的碱性氨基酸和酸性氨基酸的数目不等，它们的等电点也不一样。因此蛋白质分子所带的净电荷既受所在溶液 pH 的影响，也取决于蛋白质分子组成中碱性氨基酸和酸性氨基酸的含量。在生理条件下，整个蛋白质带负电荷多，为酸性蛋白（等电点偏向酸性）；带正电荷多，为碱性蛋白（等电点偏向碱性）。

20 种氨基酸中有 3 种碱性氨基酸、2 种酸性氨基酸、15 种中性氨基酸。碱性氨基酸为精氨酸、赖氨酸和组氨酸；酸性氨基酸为天冬氨酸和谷氨酸；其他 15 种为中性氨基酸。细胞核尤其是同 DNA 结合构成核小体的组蛋白富含精氨酸、赖氨酸和组氨酸，属于碱性蛋白；细胞核也含有少量酸性蛋白。细胞质中主要含有酸性蛋白。

通过对细胞内酸性蛋白和碱性蛋白的定位，可以了解细胞内蛋白质的整体分布情况，并同 DNA/RNA 染色相互比较。细胞内酸、碱性蛋白的显色采用固绿染液法。标本经三氯乙酸处理后，用不同 pH 的固绿染液（一种弱酸性染料，本身带负电荷）对细胞中的蛋白质染色，可使细胞内的酸性蛋白和碱性蛋白分别显示。

三、实验用品

1. 材料　蟾蜍。

2. 器材　光学显微镜、剪刀、注射器、载玻片等。

3. 试剂　0.2% 固绿染液、70% 乙醇溶液、5% 三氯乙酸溶液、0.01mol/L HCl、0.05% 碳酸钠溶液。

4. 主要试剂配制

（1）0.2% 固绿染液：取 0.2g 固绿溶于 100mL 蒸馏水中。

（2）0.01mol/L HCl（稀释 1 倍后 pH 为 2.0～2.5）：取 12mol/L 的浓盐酸 0.11mL 加

入到 98.89mL 蒸馏水中混匀。

（3）0.05% 碳酸钠溶液（稀释 1 倍后 pH 为 8.0 ~ 8.5）：称取 50mg 碳酸钠溶于 100mL 蒸馏水中，混匀。

（4）0.1% 酸性固绿染液：0.2% 固绿染液与 0.01mol/L HCl 1 : 1 混合，即为 0.1% 酸性固绿染液（pH 2.0 ~ 2.5）。

（5）0.1% 碱性固绿染液：0.2% 固绿染液与 0.05% 碳酸钠溶液 1 : 1 混合，即为 0.1% 碱性固绿染液（pH 8.0 ~ 8.5）。

（6）5% 三氯乙酸溶液：称取 2.5g 三氯乙酸溶于 50mL 蒸馏水中。

四、实验方法和步骤

1. 制备蟾蜍血涂片　打开蟾蜍胸腔，暴露心脏，剪开心包，用注射器取心脏血，滴一小滴在干净的载玻片一端，取另一载玻片使其一端紧贴血滴，待血液沿其边缘散开后，以 30° ~ 45° 角向载玻片的另一端推去，制成薄而均匀的血涂片，室温下晾干。

2. 固定　将晾干的涂片浸于 70% 乙醇溶液中固定 5min，清水冲洗净。

3. 三氯乙酸处理　将已固定的涂片浸于 5% 三氯乙酸，60℃ 处理 30min，清水冲洗（注意一定要反复洗净，不可在涂片上留下三氯乙酸痕迹，否则酸性蛋白和碱性蛋白的染色不能分明）。

4. 染色和镜检　将显示酸性蛋白的涂片在 0.1% 酸性固绿染液中染色 5 ~ 10min，流水冲洗；将显示碱性蛋白的涂片在 0.1% 碱性固绿染液中染色 30min ~ 60min（视染色深浅而定），流水冲洗；然后将上述 2 张涂片镜检观察。

五、思考题及作业

1. 三氯乙酸处理细胞的目的是什么？为什么三氯乙酸冲洗不干净会影响实验结果？

2. 简述不同 pH 的固绿染液染色区分酸碱蛋白质的原理。

实验 27　细胞中酶类的显示

一、实验目的

1. 掌握酸性磷酸酶、碱性磷酸酶、过氧化物酶显示的原理及方法。

2. 熟悉小鼠骨髓细胞临时装片的制作方法。

3. 观察酸性磷酸酶、碱性磷酸酶、过氧化物酶在细胞中的分布。

二、实验原理

酸性磷酸酶（acid phosphatase，ACP）广泛存在于体内各组织、细胞和体液中。血液中酸性磷酸酶的组织来源是前列腺、肝、脾、肾、红细胞、白细胞、血小板，以前列腺中的含量最为丰富。正常男性血清中酸性磷酸酶 1/3 ~ 1/2 来自于前列腺，女性血清中的酸性磷酸酶主要来自肝脏、红细胞和血小板。酸性磷酸酶常作为前列腺癌的诊断方式之一。

碱性磷酸酶（alkaline phosphatase，ALP）是广泛分布于人体肝脏、骨骼、肠、肾和胎盘等组织经肝脏向胆外排出的一种酶。这种酶能催化核酸分子脱掉 5′ 磷酸基团，从而使 DNA 或 RNA 片段的 5′-P 端转换成 5′-OH 端。但它不是单一的酶，而是一组同工酶。目前已发现有 ALP1、ALP2、ALP3、ALP4、ALP5 与 ALP6 6 种同工酶。其中第 1、2、6 种均来自肝脏，第 3 种来自骨细胞，第 4 种产生于胎盘及癌细胞，而第 5 种则来自小肠绒毛上皮与成纤维细胞。碱性磷酸酶对多种疾病具有指示性作用，是临床上常见的检测指标之一。

过氧化物酶（peroxidase）存在于过氧化物酶体中。过氧化物酶体是由一层单位膜包裹的囊泡，直径为 0.5 ～ 1.0μm，通常比线粒体小，普遍存在于真核生物的各类细胞中，在肝细胞和肾细胞中数量特别多。过氧化物酶体的标志酶是过氧化氢（H_2O_2）酶，它的主要作用是将 H_2O_2 水解。H_2O_2 是氧化酶催化的氧化还原反应中产生的细胞毒性物质，氧化酶和 H_2O_2 酶都存在于过氧化物酶体中，从而对细胞起到保护作用。

酸性磷酸酶的显示（硝酸铅法）：酸性磷酸酶主要存在于巨噬细胞，定位于溶酶体内。在溶酶体膜稳定完整时，底物不易渗入，酸性磷酸酶活力微弱或无活性。经固定，在合适 pH 条件下，膜本身变为不稳定，逐渐改变其渗透性，底物可以渗入，酶活力被显示。此酶在 pH 5.0 左右发生作用，能分解磷酸酯而释放出磷酸基 PO_4^{3-}，PO_4^{3-} 可与铅盐结合形成磷酸铅沉淀，因其是无色的，需再与黄色的硫化铵作用，生成棕黑色硫化铅（PbS）沉淀才被显示出来。

β- 甘油磷酸钠→甘油 + PO_4^{3-}

PO_4^{3-} +Pb（NO_3）$_2$ → Pb_3（PO_4）$_2$（无色）↓

Pb_3（PO_4）$_2$+（NH_4）$_2$S → PbS（棕黑）↓

碱性磷酸酶显示（偶氮偶联法）：细胞中碱性磷酸酶在碱性条件下（pH 9.0 ～ 9.4），使孵育液中的底物 α- 萘酚磷酸钠水解，产生 α- 萘酚，后者再与偶氮盐偶联生成不溶性耐晒染料。其最终颜色因所用的偶氮盐种类不同而异。

过氧化物酶显示（联苯胺反应法）：过氧化物酶主要存在于血液、骨髓细胞的粒细胞系。单核细胞的过氧化物酶为弱阳性，其他各型血细胞中过氧化物酶均为阴性。此酶在细胞中定位于过氧化物酶体内。其反应原理：过氧化物酶能把许多胺类氧化为有色化合物，用联苯胺处理标本，细胞内的过氧化物酶能把联苯胺氧化为蓝色的联苯胺蓝，进而变为棕色产物，因而可以根据颜色反应来判定过氧化物酶的有无或多少。

三、实验用品

1. 材料　小白鼠。
2. 器材　显微镜、注射器、解剖剪、玻片架、冰箱、眼科剪、眼科镊、载玻片、盖玻片等。
3. 试剂　6% 淀粉肉汤、酸性磷酸酶作用液、生理盐水、自来水、蒸馏水、PBS、10% 甲醛钙固定液、0.05ml/L 乙酸缓冲液、2% 硫化铵溶液、碱性磷酸酶作用液、2% 甲基绿水溶液、甘油明胶、联苯胺混合液和 1% 番红溶液、0.5% 硫酸铜溶液。
4. 主要试剂配制
（1）6% 淀粉肉汤：0.3g 牛肉膏、1.0g 蛋白胨和 0.5g NaCl 溶于蒸馏水，定容为 100mL，加热后加入可溶性淀粉 6.0g，溶解后高压灭菌，分装，4℃ 保存。
（2）酸性磷酸酶作用液（现用现配）：称取硝酸铅 25mg，加 0.05mol/L 乙酸缓冲液 22.5mL，搅动使之全部溶解后，再缓慢地滴加 3% β- 甘油磷酸钠液 2.5mL，边加边搅动防止产生沉淀，总量 25mL。

（3）10% 甲醛钙固定液：甲醛 10mL，10% 氯化钙 10mL，蒸馏水 80mL。

（4）2% 硫化铵溶液（现用现配）：2mL 硫酸铵溶于 98mL 蒸馏水。

（5）碱性磷酸酶作用液：20mg 萘酚 AS-BI 磷酸盐、0.5mL 二甲基亚砜（DMSO）、50mL 0.2mol/L 巴比妥乙酸缓冲液（pH 9.2）和 0.5mL 六偶氮副品红（副品红 400mg，浓盐酸 2mL，双蒸水 8mL 混合过滤；临用前与等体积 4% 亚硝酸钠混合）混合，用 1mol/L NaOH 调 pH 9～10，过滤后使用。

（6）联苯胺混合液：0.2g 联苯胺溶于 100mL 95% 乙醇溶液，过滤后再加入 2 滴 3% H_2O_2，置于棕色瓶中备用。

四、实验方法和步骤

1. 硝酸铅法显示小鼠巨噬细胞中酸性磷酸酶

（1）巨噬细胞诱导：取小鼠 1 只，每日腹腔注射 6% 淀粉肉汤 1mL，连续注射 3 天。

（2）第 3 天注射 3～4h 后，颈椎脱臼处死小鼠，腹腔注射生理盐水 1～2mL，按摩腹部，以便洗脱腹腔壁细胞。

（3）收集巨噬细胞：打开腹部皮肤，暴露腹膜抽取腹腔液。

（4）涂片：将腹腔液滴在预冷的载玻片上，每片 1～2 滴，涂片，将载玻片垂直插入玻片架，迅速放到 4℃ 冰箱内，让细胞自行铺展 20min。

（5）固定：将载玻片转入 10% 甲醛钙固定液，冰箱内 4℃ 固定 30min。

（6）自来水漂洗 5min，把水甩干。

（7）滴加酸性磷酸酶作用液，37℃ 处理 30min。

（8）用自来水漂洗片刻。

（9）2% 硫化铵液处理 3～5min（在通风橱中直接滴加）。

（10）自来水冲洗，甩干，镜检。

2. 偶氮偶联法显示小鼠肾细胞中碱性磷酸酶

（1）取小鼠新鲜肾组织进行冷冻切片。

（2）室温下用碱性磷酸酶作用液处理切片 20min 左右。

（3）用蒸馏水漂洗数次。

（4）2% 甲基绿水溶液复染细胞核 10min。

（5）蒸馏水漂洗后晾干，用甘油明胶封片。

3. 联苯胺反应法显示小鼠骨髓细胞中过氧化物酶

（1）取骨髓细胞：以颈椎脱臼法处死小鼠，迅速剖开其后肢暴露出股骨，将股骨一端斜向剪断，用 PBS 湿润过的注射器针头吸出骨髓滴 1 滴到载玻片上。

（2）涂片：用另一载玻片将骨髓细胞沿一个方向涂布推开，室温晾干。

（3）媒染：在涂片上滴 0.5% 硫酸铜溶液，以盖满涂片为宜，处理 45s。

（4）取出涂片直接放入联苯胺混合液中反应 6min。

（5）清水冲洗，放入 1% 番红溶液中复染 2min。

（6）镜检：清水冲洗，室温晾干，在显微镜下观察。

五、思考题及作业

1. 简述酸性磷酸酶、碱性磷酸酶、过氧化物酶显示的原理。

2. 绘图示意酸性磷酸酶、碱性磷酸酶、过氧化物酶在细胞中的分布位置。

3. 联苯胺反应法显示小鼠骨髓细胞的过氧化物酶实验中，0.5% 硫酸铜溶液的作用是什么？

实验 28　细胞中脂类的显示

一、实 验 目 的

1. 熟悉油红 O 脂类染色法的原理及操作步骤。

2. 观察特定细胞中脂类的分布位置。

二、实 验 原 理

脂类是人体需要的重要营养素之一，供给机体所需的能量、提供机体所需的必需脂肪酸，是人体细胞组织的组成成分。人体每天需摄取一定量脂类物质，但摄入过多可导致高脂血症、动脉粥样硬化等疾病的发生和发展。脂类分为很多类型，如细胞膜中含有丰富的磷脂。我们常说的脂肪组织则由大量单泡脂肪细胞集聚而成，分为黄色脂肪组织和棕色脂肪组织。脂肪细胞呈圆形或多边形，细胞中央有一个大脂滴，细胞质呈薄层，位于细胞周缘，包绕脂滴。在 HE 切片上，脂滴被溶解成一大空泡。细胞核扁圆形，被脂滴推挤到细胞一侧，连同部分细胞质呈新月形。黄色脂肪组织主要分布在皮下组织、网膜和肠系膜等处，在成年男性一般占体重的 10% ～ 20%，女性往往更多一些。黄色脂肪组织是体内最大的"能源库"，具有储存脂肪、保持体温和参与脂肪代谢的功能。其参与能量代谢，并具有产生热量、维持体温、缓冲保护和支持填充等作用。棕色脂肪组织呈棕色，其特点是组织中有丰富的毛细血管，脂肪细胞内散在许多小脂滴，线粒体大而丰富，细胞核圆形，位于细胞中央。这种脂肪细胞称为多泡脂肪细胞。棕色脂肪组织在成人体内极少，在新生儿及冬眠动物体内较多，在新生儿主要分布在肩胛间区、腋窝及颈后部等处。棕色脂肪组织的主要功能：在寒冷的刺激下，棕色脂肪细胞内的脂类分解、氧化，散发大量热能，而不转变为化学能。这一功能受交感神经调节。

我们通过染色观察的一般是脂肪细胞中的脂滴。油红 O 能对脂肪进行染色。脂类染色原理：油红 O 属于偶氮染料，是很强的脂溶剂和染脂剂，与甘油三酯结合呈小脂滴状。脂溶性染料能溶于组织和细胞中的脂类，它在脂类中的溶解度比在溶剂中大。当组织切片置入染液时，染料则离开染液而溶于组织内的脂质（如脂滴）中，使组织内的脂滴呈橘红色。

三、实 验 用 品

1. 材料　小鼠肝组织切片。

2. 器材　光学显微镜、手术刀片等。

3. 试剂　10% 甲醛钙固定液、60% 异丙醇、油红 O、蒸馏水、苏木素、甘油明胶。

4. 主要试剂配制　10% 甲醛钙固定液：甲醛 10mL、10% 氯化钙 10mL，溶于 80mL

蒸馏水中。

四、实验方法和步骤

1. 小鼠肝组织切片（厚 5～10nm）于 10% 甲醛钙固定液中固定 10min。
2. 蒸馏水漂洗片刻后，再用 60% 异丙醇浸洗切片。
3. 油红 O 染色 5～15min。
4. 60% 异丙醇洗去多余染液后，蒸馏水漂洗片刻。
5. 苏木素复染细胞核 2min。
6. 蒸馏水漂洗至细胞核蓝化，5～10min。
7. 擦去多余水分，甘油明胶封固。
8. 镜检：脂类物质显示红色，细胞核显示蓝色。

五、思考题及作业

1. 简述油红 O 脂类染色法的原理。
2. 油红 O 染色法显示小鼠肝组织中脂类的实验中，60% 异丙醇的作用是什么？

实验 29　细胞中糖类的显示

一、实 验 目 的

1. 熟悉 PAS 法的原理及操作步骤。
2. 观察特定细胞中糖类的分布位置。

二、实 验 原 理

糖类是自然界中广泛分布的一类重要的有机化合物。日常食用的蔗糖、粮食中的淀粉、植物体中的纤维素、人体血液中的葡萄糖等均属糖类。糖类在生命活动过程中起着重要的作用，是一切生命体维持生命活动所需能量的主要来源。植物中最重要的糖是淀粉和纤维素，动物细胞中最重要的多糖是糖原。哺乳动物体内，糖原主要存在于骨骼肌（约占整个身体的糖原的 2/3）和肝脏（约占 1/3）中。

过碘酸希夫反应（periodic acid Schiff reaction）简称为 PAS 反应，组织内的多糖等均用 PAS 反应显示。其原理：高碘酸的氧化作用打开 C—C 键，将 $CH_2OH—CH_2OH$ 氧化为 CHO—CHO。同样，对 $CH_2OH—CHO$、$CH_2OH—COOH$ 和 $CH_2OH—CH_2NH_2$ 等物质均由氧化作用而释放出醛基，醛基与 Schiff 试剂作用形成紫红色化合物，且颜色深浅与糖类的含量成正比。

PAS 反应有很多应用，如糖原贮积病（与其他贮积病相比）、腺癌（通常分泌中性黏液）、乳腺佩吉特病（Paget disease）、肺泡软部肉瘤、惠普尔病（Whipple disease）的巨噬细胞染色，门周肝细胞染色阳性可诊断 α1 蛋白酶抑制剂缺乏、真菌病和 Sezary 综合征（称为 Pautrier 微脓肿）（表皮中存在 PAS 阳性淋巴细胞聚集）、尤文肉瘤（Ewing sarcoma）、红细胞白血病（一种未成熟红细胞的白血病。这些细胞染上明亮的紫红色）、肺泡蛋白沉积症，真菌感染（真菌的细胞壁染上洋红色，这只对活的真菌有效），肺间质糖原增多症（猪）患儿肺活检标本中的糖原，以及可用于突出类蜡样脂褐病（NCL）中的超交联脂质包涵体。

三、实验用品

1. 材料　马铃薯块茎。
2. 器材　光学显微镜、手术刀片、载玻片、盖玻片等。
3. 试剂　高碘酸乙醇溶液、70% 乙醇溶液、Schiff 试剂、亚硫酸水溶液、蒸馏水。
4. 主要试剂配制

（1）高碘酸乙醇溶液：0.4g 高碘酸、35mL 95% 乙醇溶液、5mL 0.2mol/L 乙酸钠与10mL 蒸馏水混合，置于棕色瓶中以 4℃ 保存。

（2）Schiff 试剂：将 0.5g 碱性品红加入 100mL 煮沸的蒸馏水中，充分搅拌，必要时可再煮 5min，使之充分溶解；然后冷却至 50℃ 时过滤到具有玻璃塞的棕色试剂瓶，加入 10mL 1mol/L 的 HCl，冷却至 25℃ 时加入 0.5g 偏重亚硫酸钠，在室温黑暗条件下静置24h，其颜色呈褐色或淡黄色，加活性炭 0.5g 剧烈振荡摇匀 1min；过滤，滤液为无色。置棕色瓶密封，外包黑纸，4℃ 保存。

（3）亚硫酸水溶液：在 200mL 自来水中加入 10mL 10% 的偏亚硫酸钠（或偏亚硫酸钾）溶液，或加入 10mL 30% 的偏重亚硫酸钠溶液，再加入 1mol/L HCl 10mL 即成，盖紧瓶塞。此溶液要现配现用。

四、实验方法和步骤

1. 将马铃薯块茎切成薄片，放入高碘酸乙醇溶液中浸泡 10min，用 70% 乙醇溶液固定片刻。
2. 将薄片浸入 Schiff 试剂中 15min。
3. 取出薄片放入亚硫酸水溶液中漂洗 3 次，每次 1min。
4. 蒸馏水冲洗片刻，压片镜检观察。

五、思考题及作业

1. 简述 PAS 法的原理。
2. 绘图显示马铃薯切片中多糖的位置。
3. 影响 PAS 反应染色效果的关键步骤是什么？

第六章 细胞分裂

细胞增殖是生物繁育和生长发育的基础，是生命活动的重要特征之一。细胞增殖最直观的表现是细胞分裂，即由原来的一个亲代细胞变为两个子代细胞，使细胞数量增加。细胞分裂的主要方式有无丝分裂、有丝分裂和减数分裂。本章主要利用标本观察动、植物无丝分裂和有丝分裂各期形态特征；介绍动物细胞减数分裂标本的制备方法及观察各期形态特征。

实验 30　细胞无丝分裂与有丝分裂标本观察

一、实验目的

1. 了解动物细胞无丝分裂的形态特点。
2. 掌握动、植物细胞有丝分裂各期的主要特征和区别点。

二、实验原理

无丝分裂（amitosis）是原核生物增殖的方式，雷马克（Remak）于 1841 年最早在鸡胚血细胞中发现此现象，因为此过程没有出现纺锤丝和染色体的变化，故称无丝分裂。其后无丝分裂又在各种动、植物中陆续发现，尤其在分裂旺盛的细胞中更多见，但遗传物质是否平均分配及其分裂的机制尚不十分清楚。蛙的红细胞体积较大、数目多，而且有核，是观察无丝分裂的较好材料。

细胞有丝分裂（mitosis）的现象分别由弗勒明（Flemming，1882）在动物细胞和施特拉斯布格（Strasburger，1880）在植物细胞中发现。有丝分裂是高等真核生物体细胞分裂的主要方式，其过程包括一系列复杂的核变化，包括染色体和纺锤体的出现，以及染色体平均分配到两个子细胞中。从形态学特征的角度，人为地将有丝分裂分为前期、中期、后期和末期。马蛔虫受精卵细胞中有 6 条染色体，洋葱体细胞的染色体为 16 条，因为它们都具有染色体数目少的特点，所以便于观察和分析有丝分裂过程中各时期的形态特征以及变化规律。

三、实验用品

1. 材料　蛙血涂片标本、马蛔虫子宫切片标本、洋葱根尖纵切片标本。
2. 器材　光学显微镜、擦镜纸。

四、实验方法和步骤

1. 动物细胞无丝分裂标本观察　取蛙血涂片标本于低倍镜下观察，找到蛙血细胞，再转换高倍镜观察无丝分裂过程不同阶段的特征。

在高倍镜下，可见到处于分裂过程不同阶段的蛙血红细胞，核仁先行分裂，向核的两端移动，细胞核伸长呈杆状；然后，在核的中部从一面或两面向内凹陷，使核呈肾形或哑铃形改变；最后，从细胞中部直接收缩成两个相似的子细胞。子细胞较成熟的红细胞小。

2. 细胞有丝分裂标本观察

（1）动物细胞有丝分裂的标本观察：取马蛔虫子宫切片标本，先在低倍镜下观察，可见马蛔虫子宫腔内有许多处于不同发育阶段的椭圆形受精卵细胞。每个卵细胞都包在卵壳之中，卵壳与卵细胞之间的腔，称为卵壳腔。细胞膜的外面或卵壳的内面可见有极体附着。寻找和观察处于分裂间期和有丝分裂不同时期的细胞形态变化，并转换高倍镜仔细观察其分裂期的形态特征（图 6-1）。

1）分裂间期（interphase）：细胞质内有两个近圆形的细胞核，一个为雌原核，另一个为雄原核。两个原核形态相似不易分辨，核内染色质分布比较均匀，核膜、核仁清楚，细胞核附近可见中心粒存在。

2）分裂期（mitotic phase）

a. 前期（prophase）：雌、雄原核相互趋近，染色质逐渐浓缩变粗、核仁消失，最后核膜破裂、染色体相互混合，两个中心粒分别向细胞两极移动，纺锤体开始形成。

b. 中期（metaphase）：染色体聚集排列在细胞的中央形成赤道板，由于细胞切面不同，此期有侧面观和极面观的两种不同现象。侧面观时，染色体排列在细胞中央，两极各有一个中心体，中心体之间的纺锤丝与染色体着丝点相连；极面观时，由于染色体平排于赤道面上，6 条染色体清晰可数，此时的染色体已纵裂为二，但尚未分离。

c. 后期（anaphase）：纺锤丝变短，纵裂后的染色体被分离为两组，分别移向细胞两极，细胞膜开始凹陷。

d. 末期（telophase）：移向两极的染色体恢复染色质状态，核膜、核仁重新出现，最后细胞膜横缢，两个子细胞形成。

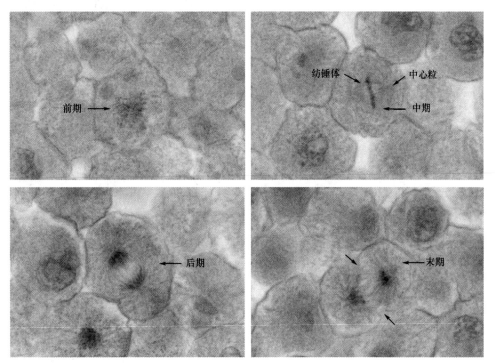

图 6-1　马蛔虫受精卵有丝分裂过程

（2）植物细胞有丝分裂的标本观察：将洋葱根尖切片标本先在低倍镜下观察，寻找生长区，这部分的细胞分裂旺盛，大多处于分裂状态，细胞形状呈方形。转换高倍镜仔细观察不同分裂时期的细胞形态特征（图6-2）。并与动物细胞有丝分裂特征比较，找出植物细胞有丝分裂的特点和两者的区别。

1）前期：早前期核膨大，核内染色质呈细丝盘绕网状。随着分裂的进行，染色质逐渐变粗变短，到晚前期，染色质凝聚成染色体，核仁解体，核膜消失，纺锤体形成。

2）中期：染色体形态、数目清楚（$2n=16$），染色体达到最大程度的凝集，排列在细胞中央赤道板上，有丝分裂器完全形成。

3）后期：每条染色体的着丝粒纵裂，使两条染色单体分开并在纺锤丝的牵拉下移向细胞两极。

4）末期：染色体到达细胞两极，开始解螺旋去凝集，逐渐伸长变细，恢复为染色质状态。核仁、核膜重新出现，形成两个新的细胞核，在细胞板处分裂形成两个新生子代细胞。

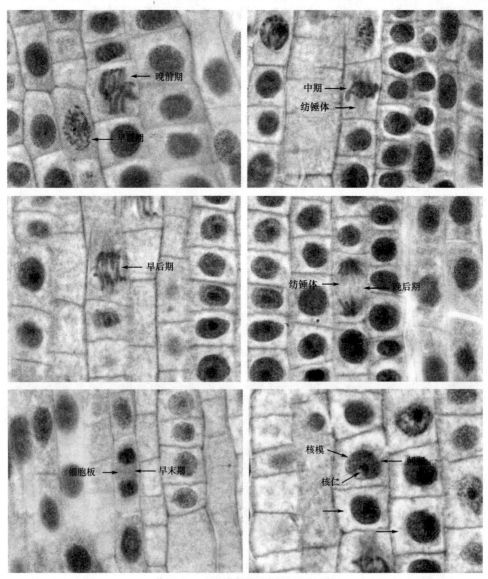

图6-2 洋葱根尖细胞有丝分裂过程

五、思考题及作业

1. 比较动、植物细胞有丝分裂的异同。
2. 绘制马蛔虫受精卵有丝分裂各期的简图并注明结构名称。
3. 绘制洋葱根尖细胞有丝分裂各期的简图并注明结构名称。

实验 31　减数分裂标本的制备与观察

一、实 验 目 的

1. 掌握动物细胞减数分裂各期的主要特征。
2. 熟悉动物细胞减数分裂及其有丝分裂的主要区别点。

二、实 验 原 理

减数分裂（meiosis）是配子发生过程中的一种特殊有丝分裂，主要特征是 DNA 只复制一次，而细胞连续分裂两次，结果是产生四个子代细胞，每个子代细胞中染色体数目比亲代细胞减少一半，成为仅具单倍体遗传物质的配子细胞。减数分裂过程中体现了遗传三大定律，所以说减数分裂在稳定物种的遗传性状和繁殖中均起着重要作用，是生物遗传与变异的细胞学基础。

蝗虫精巢取材方便，标本制备方法简单，染色体数目较少。例如，蝗虫初级精母细胞染色体数 $2n=22+X$，经过减数分裂形成四个精细胞，每个精细胞的染色体数为 $n=11+X$ 或 $n=11$（注：蝗虫的性别决定与人类不同，雌性有两条 X 染色体、雄性为 XO，即只有一条 X 染色体，没有 Y 染色体），一般采用它来研究观察减数分裂染色体形态变化。

三、实 验 用 品

1. 材料　雄蝗虫。
2. 器材　光学显微镜、冰箱、眼科镊、大头针、木板或纸盒、剪刀、载玻片、盖玻片、吸水纸等。
3. 试剂　Carnoy 固定液、70% 乙醇溶液、0.5% 乙酸洋红染液、45% 乙酸、二甲苯。
4. 主要试剂配制

（1）Carnoy 固定液：将甲醇和冰醋酸按照 3∶1 比例配制，每次使用前需临时配制。

（2）0.5% 乙酸洋红（aceto-carmine）染液：将 90mL 乙酸加入 110mL 蒸馏水煮沸，然后将火焰移去，立即加入 1g 洋红，使之迅速冷却过滤，加饱和氢氧化铁（媒染剂）水溶液数滴，直到呈葡萄酒色。在室温中保存。铁使洋红沉淀于组织而着色。此染液在室温中存放时间越长效果越好。

四、实验方法与步骤

1. 采集　采集到各期分裂象的标本是本实验成功的关键，解决这一关键问题要把握如下两点。

（1）采集时间：一般在 8 月 15 日至 25 日为宜。

（2）虫体特征：雄蝗虫翅膀长到刚好盖住腹部一半时，正好是雄蝗虫精子发生的峰季，采集最合适。在公园、田埂、河边、路旁的草丛中均可采到。

2. 取材　将采到的雄蝗虫，用大头针固定在木板或纸盒上，沿腹部背中线剪开体壁，见消化管背侧的浅黄色结构即是精巢，用眼科镊分离出来。

3. 固定　把取出的精巢立即放入 Carnoy 固定液中，固定 1h，此期间用大头针小心分离精细管，加速固定，促进脂肪溶解。固定后移入 70% 乙醇溶液中存放于 4℃ 冰箱中备用。

4. 染色　取固定好的精细管 2～3 条，置于干净载玻片中央，用 45% 乙酸处理 5min，用吸水纸吸干后，加 1～2 滴乙酸洋红染液染色 15min。

5. 压片　在染色材料上盖上盖玻片，再在盖玻片上放一块吸水纸，用大拇指垂直在盖玻片上适力下压（压片时不要滑动盖片）使精细管破裂细胞平展开，吸去溢出的染液，即可观察。

6. 观察　在光学显微镜下先用低倍镜寻找蝗虫精子发生过程中处于减数分裂各期的细胞，再转换高倍镜仔细观察（图 6-3）。

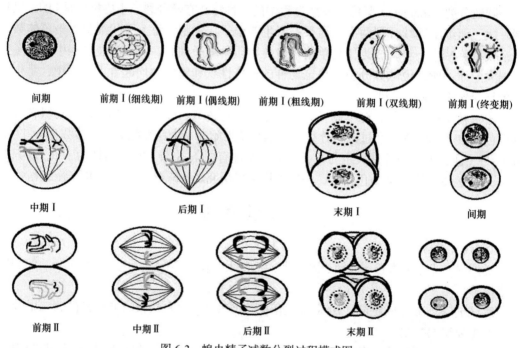

图 6-3　蝗虫精子减数分裂过程模式图

蝗虫精巢由多条圆柱形的精细管组成，每条精细管由于生殖细胞发育阶段的差别可分成若干区，良好压片可见到从游离的顶端起始依次为精原细胞、精母细胞、精细胞及精子等各发育阶段的区域。

（1）精原细胞（spermatogonia）：位于精细管的游离端，胞体较小，由有丝分裂来增殖，其染色体较粗短、染色较浓。

（2）减数分裂 I（meiosis I）：是从初级精母细胞到次级精母细胞的一次分裂。

1）前期 I（prophase I）：在减数分裂中，以前期 I 最有特征性、核的变化复杂，依染色体变化，又可分为下列各期。

a. 细线期（leptotene stage）：染色体呈细长的丝，称为染色线。弯曲绕成一团，排列无规则，染色线上有大小不一的染色粒，形似念珠，核仁清楚。

b. 偶线期（zygotene stage）：同源染色体开始配对，同时出现极化现象，各以一端聚集于细胞核的一侧，另一端则散开，形成花束状。

c. 粗线期（pachytene stage）：每对同源染色体联会完成，缩短成较粗的线状，称为双价染色体，因其由四条染色单体组成，又称四分体。

d. 双线期（diplotene stage）：染色体缩短更短些，同源染色体开始有彼此分开的趋势，但因两者相互绞缠，有多点交叉，所以这时的染色体呈现麻花状。

e. 终变期（diakinesis）：染色体更为粗短，形成 Y、V、O 等形状，终变期末核膜、核仁消失。

2）中期 I（metaphase I）：核膜和核仁消失，纺锤体形成，双价染色体排列于赤道面，着丝点与纺锤丝相连。这时的染色体组居细胞中央，侧面观呈板状，极面观呈空心花状。

3）后期 I（anaphase I）：由于纺锤丝的解聚变短，同源的两条染色体彼此分开，分别向两极移动。但每条染色体的着丝粒尚未分裂，故两条姐妹染色单体仍连在一起同去一极。

4）末期 I（telophase I）：移动到两极的染色体，呈聚合状态，并解旋，同时核膜形成，胞质也均分为二，即形成两个次级精母细胞，这时每个新核所含染色体的数目只是原来的一半。到此减数分裂 I 结束。

（3）减数分裂 II（meiosis II）：减数分裂 II 类似一般的有丝分裂，但从细胞形态上看，可见胞体明显变小，染色体数目少。

1）前期 II（prophase II）：末期 I 的细胞进入前期 II 状态，每条染色体的两个单体显示分开的趋势，染色体像花瓣状排列，使前期 II 的细胞呈实心花状。

2）中期 II（metaphase II）：纺锤体再次出现，染色体排列于赤道面。

3）后期 II（anaphase II）：着丝粒纵裂，每条染色体的两条单体彼此分离，各成一子染色体，分别移向两极。

4）末期 II（telophase II）：移到两极的染色体分别组成新核，新细胞的核具单倍数（n）的染色体组，胞质再次分裂，这样，通过减数分裂每个初级精母细胞就形成了四个精细胞。

（4）精子形成：在两次精母细胞分裂过程中，各种细胞器，如线粒体、高尔基体等也大致平均地分到四个精细胞中，精细胞经一系列的分化成熟为精子。在显微镜下精子头部呈梭形，由细胞核及顶体共同组成，尾部细长呈线状。

五、思考题及作业

1. 绘制高倍镜下细胞减数分裂各时期细胞图像并注明结构名称。

2. 总结有丝分裂与减数分裂过程的异同点。

第二篇　综合性实验

第七章　细胞培养与分析

实验 32　细胞原代培养与细胞鉴定

一、实验目的

1. 了解培养细胞类型及形态特点。
2. 掌握哺乳动物细胞的原代培养的基本操作过程。

二、实验原理

从机体获取组织和细胞在体外进行的培养称原代培养，也叫初代培养。原代培养的方法很多，最基本、最常用的有两种，即组织块法和酶消化法。它们的基本过程都包括取材、培养材料的制备、接种、加入培养液、培养等。

酶消化法：在无菌操作的条件下，把组织（或器官）从动物体内取出，经胰酶消化处理，使其分散成单个细胞，然后在人工条件下培养，使其不断地生长繁殖。

原代培养细胞离体时间短，性状与体内相似，适用于研究。一般来说，幼稚状态的组织和细胞，如动物的胚胎、幼仔的脏器等更容易进行原代培养。

人和动物体内的细胞有着复杂的形态结构和功能，当它们离体后在体外培养时，由于脱离了体内特定的环境，形态上往往表现单一化，而且供体年龄越幼稚，这种现象越明显，并能反映其胚层来源。体外培养细胞大致可以分为成纤维细胞型、上皮细胞型、多形型和游走型四种类型。

三、实验用品

1. 材料　3 周龄乳鼠。
2. 器材　超净工作台、二氧化碳培养箱、离心机、倒置显微镜、水浴箱、解剖剪、眼科手术剪刀、解剖镊、平皿、离心管（灭菌后备用）、酒精灯、烧杯、吸管等。
3. 试剂　含有 10% 小牛血清的 MEM（或 1640）培养液、0.01mol/L PBS、0.25% 胰蛋白酶 -0.02% EDTA 混合消化液、75% 乙醇溶液、碘酒、青霉素和链霉素溶液。
4. 主要试剂配制

（1）0.01mol/L PBS（磷酸盐缓冲液 Phosphate Buffer Saline，PBS）（pH 7.2）

0.2mol/L 磷酸氢二钠液（甲液）：35.814g $NaH_2PO_4 \cdot 12H_2O$ 加双蒸水至 500mL。

0.2mol/L 磷酸二氢钠液（乙液）：15.601g $NaH_2PO_4 \cdot 12H_2O$ 加双蒸水至 500mL。

取甲液 36mL、乙液 14mL 和 NaCl 8.2g，加双蒸水至 1000mL。混匀待完全溶解后分装，经高压灭菌后保存于 4℃ 冰箱中备用。

（2）MEM 培养液（含 10% 小牛血清）：9.4g MEM 粉末加 1000mL 双蒸水溶解后，用 1.5g $NaHCO_3$ 调 pH 到 7.1（因在抽滤过程中 pH 升高 0.2～0.3），然后加 110mL 灭活的小牛

血清和 0.292g 谷氨酰胺（L-glutamine），待完全溶解后，立即抽滤除菌，分装，置于 4℃冰箱中保存备用。

（3）0.25% 胰蛋白酶 -0.02% EDTA 混合消化液：先用少量 0.01mol/L PBS 溶解 0.25g 胰蛋白酶（Trypsin），然后加入 20.0mg EDTA 粉末，再用 0.01mol/L PBS 稀释至 100mL，置于 37℃ 水浴中 1h 左右（待彻底溶解，液体呈透明为止），抽滤，分装，置于 4℃冰箱中保存。

（4）1640 培养液（含 l0% 小牛血清）：10.39g RPMI1640 粉，加双蒸水至 1000mL。通入适量的 CO_2 气体，边通入 CO_2 边慢慢搅拌，使其（呈透明）完全溶解。用 $NaHCO_3$ 1.5g 调 pH 到 7.2。再加入 10mL 10 000U/mL、双抗 110mL 灭活小牛血清，混匀，立即抽滤除菌分装，置于 4℃ 冰箱中备用。

（5）青霉素和链霉素溶液：将青霉素钠盐、链霉素溶于 200mL 0.9% 的无菌生理盐水，分装小瓶，-20℃ 保存。双抗在培养基中的终浓度为各 100U 为宜。

四、实验方法和步骤

1. 细胞的原代培养

（1）取材：用颈椎脱臼法处死乳鼠，然后把整个动物浸入盛有 75% 乙醇溶液的烧杯中数秒钟消毒，取出后放在平皿中携入超净工作台。用消过毒的解剖剪剪开用碘酒和乙醇 2 次消毒后的皮肤，剖腹取出肝脏或肾脏。置于无菌平皿中。

（2）切割：用灭菌的 PBS 将取出的脏器清洗 3 次，然后用眼科手术剪刀仔细将组织反复剪碎，直到成 1mm³ 左右的小块，再用 PBS 清洗，洗到组织块发白为止。移入无菌离心管中，静置数分钟，使组织块自然沉淀到管底，弃去上清液。

（3）消化、接种培养：吸取 0.25% 胰蛋白酶 -0.02% EDTA 混合消化液 1mL，加入离心管中，与组织块混匀后，加上管口塞子，37℃ 水浴中消化 8～15min，每隔几分钟摇动一下离心管，使组织与消化液充分接触，静置，吸去上清液，向离心管中加入 5～10mL含 10% 小牛血清的 MEM 培养液，用吸管吹打混匀，移入 2 个培养瓶中，置于二氧化碳培养箱中培养。

细胞接种后 2～4h 内即能贴壁，并开始生长，如接种的细胞密度适宜，5～7 日可形成单层。

2. 培养细胞的形态分类　体外培养细胞根据它们是否贴附在支持物上生长的特性，可分为贴附型和悬浮型两大类。

（1）贴附型：这类细胞在培养时能贴附在支持物表面生长，大多数培养细胞呈贴附型生长，只依赖于贴附才能生长的细胞称贴附型细胞。当细胞在贴附支持物上之后，它们在体内时原有的特征，如细胞分化现象常变得不显著，在形态上常出现单一化的现象，并常反映其胚层来源，呈现类似"返祖现象"，如来源于内外胚层的细胞多呈上皮细胞型，来自中胚层的细胞则多呈纤维细胞型，这种现象又与供体的年龄有密切关系，原供体越幼稚则"返祖现象"越明显，与细胞分化有关。因此在判定培养细胞形态时，很难再按体内细胞标准确定，仅能大致做如下分类（图 7-1）。

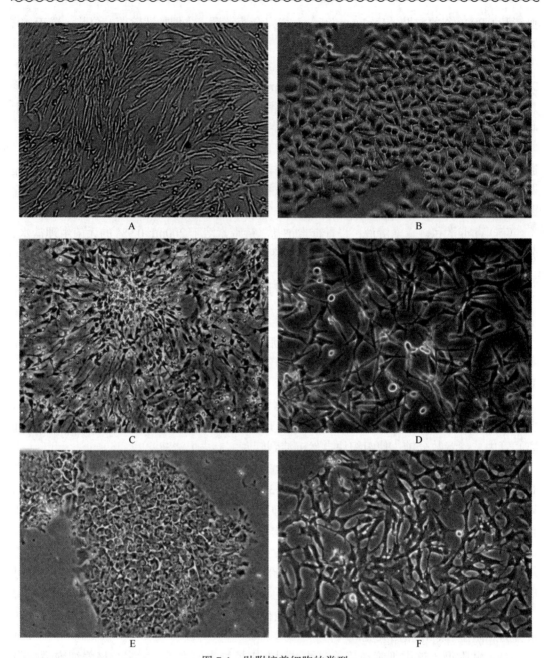

图 7-1　贴附培养细胞的类型

A. 成纤维型细胞；B. 上皮型细胞；C. 多形型细胞（神经细胞）；D. 游走型细胞（神经胶质瘤细胞）；E. 胚胎干细胞；F. 星形胶质细胞

　　1）成纤维型细胞：因细胞形态与体内成纤维细胞的形态相似而得名。细胞体呈梭形或不规则三角形，中央有椭圆形核，胞质向外伸出 2 ～ 3 个长短不同的突起，细胞在生长时多呈放射状、火焰状或旋涡状走行。除真正的成纤维细胞外，凡由中胚层间充质起源的组织，如心肌、平滑肌、成骨细胞、血管内皮细胞等常呈该类形态。另外在培养中凡细胞形态与成纤维细胞类似者，皆可称为成纤维细胞。因此，细胞培养中的成纤维细胞一词是一种习惯上的称法，与体内细胞不同。

2）上皮型细胞：这类细胞呈扁平不规则多角形，中间有圆形核，细胞紧密相连成单层。细胞增殖数量增多时，整块上皮膜随之移动，处于上皮膜边缘的细胞多与膜相连，很少脱离细胞群单独活动。起源于内、外胚层细胞，如皮肤表皮及其衍生物、消化道上皮、肝、胰和肺泡上皮等组织细胞培养时，皆呈上皮型形态。上皮型细胞生长时，尤其是外胚层起源的细胞，细胞之间常出现"拉网"现象，即在构成上皮膜状生长的细胞群中，一些细胞常相互分离卷曲，致使上皮细胞膜中形成网眼状空间，拉网的形成可能与细胞分泌透明质酸酶有关。

3）多形型细胞：除上述两型细胞外，还有一些组织细胞，如神经细胞等，难以确定它们规律的形态，可统归为多形型细胞。

4）游走型细胞：细胞在支持物上散在生长，一般不连接成片。细胞质经常伸出伪足或突起，呈现活跃的游走或变形运动，速度快而且不规则。此型细胞不太稳定，有时难以和其他型细胞相区别。在一定条件下，由于细胞密度增大连接成片后，可呈类似多角形，或因培养基化学性质变动等，也可呈现成纤维细胞形态。

5）其他类型细胞：一些类型的细胞在体外培养时呈现出特有的形态特征。例如，胚胎干细胞体积小，在体外分化抑制培养中，呈克隆状生长，细胞紧密地聚集在一起，形似鸟巢，细胞克隆与周围存在明显界限；星形胶质细胞在体外培养状态下呈现多边形结构，向周边伸出不规则突触，不同细胞之间可通过突触相互连接。

（2）悬浮型：有的细胞在培养时不贴附于支持物上，而是呈悬浮状态生长，如淋巴细胞、白血病细胞、骨髓瘤细胞、腹水型恶性细胞等。细胞悬浮生长时，胞体为圆形，观察时不如贴附型方便。其优点是细胞悬浮在培养液中生长，生存空间大，容许长时间生长，能繁殖多量细胞，便于传代和做细胞代谢等研究。

对体外培养细胞的分类，主要根据细胞在培养中的表现及描述上的方便而定。当细胞处于较好的培养条件时，形态上有相对的稳定性，在一定程度上能反映细胞的起源，正常和异常（恶性）也能区别开来，故可用作判定细胞生物学性状的一个指标或依据。但必须意识到，它也可受很多因素的影响而发生变化，如上皮细胞在接种后不久，因细胞数量较少，细胞可能呈星形或三角形。只有当细胞数量增多后，多角形态特点和上皮膜状结构才逐渐变得明显起来，另外贴附型和悬浮型细胞的性质也不是绝对一成不变的。当细胞发生转化后，细胞形态变化更大，如成纤维转化后可变成上皮形态。另外一些类型相同的细胞之间，如癌细胞等，也难以在形态上看出有什么明显区别。

3.注意事项

（1）器材和液体的准备：细胞培养用的玻璃器材，如培养瓶、吸管等在清洗干净以后，装在铝盒和铁筒中，120℃、2h 干烤灭菌后备用；手术器材、瓶塞、配制好的 PBS 用灭菌锅120℃、25min 蒸汽灭菌；MEM 培养液、小牛血清、消化液抽滤后备用。

（2）无菌操作中的注意事项：在无菌操作中，一定要保持工作区的无菌清洁。为此，在操作前要认真地洗手并用 75% 乙醇溶液消毒。操作前 20～35min 启动超净工作台吹风。操作时，严禁说话，严禁用手直接拿无菌的物品，如瓶塞等，而要用器械，如止血钳、镊子等去拿。培养瓶要在超净工作台内才能打开瓶塞，打开之前用乙醇将瓶口消毒，打开后和加塞前瓶口都要在酒精灯上烧一下，打开瓶口后的操作全部都要在超净工作台内完成。操作完毕后，加上瓶塞，才能拿到超净台外。使用的吸管在从消毒的铁筒中取出后要手拿末端，将尖端在火上烧一下，戴上胶皮乳头，然后再去吸取液体。总之，在整个无菌操作过程中都应该在酒精灯的周围进行。

五、思考题及作业

1. 原代培养中组织消化时应注意什么问题？
2. 哪些试剂需要过滤除菌？为什么？
3. 观察、记录培养细胞的结果。
4. 简述原代培养的主要步骤。
5. 绘图表示观察到的 4 种类型的细胞。

实验 33　细胞的传代培养和形态观察

一、实 验 目 的

1. 掌握哺乳动物细胞的传代培养的基本操作过程。
2. 了解传代培养细胞的观察方法。

二、实 验 原 理

体外培养的原代细胞或细胞株要在体外形成单层汇合以后，由于密度过大生存空间不足而引起营养枯竭，要持续地培养就必须传代。将培养的细胞，从培养瓶中取出，以 1∶2 或 1∶3 的比率转移到另外的培养瓶中进行培养，即为传代培养。

三、实 验 用 品

1. 材料　长成单层的原代培养细胞或 HeLa 细胞。
2. 器材　培养瓶、吸管、离心管（灭菌后备用）、超净工作台、二氧化碳培养箱、倒置显微镜等。
3. 试剂　含有 10% 小牛血清的 MEM 培养液、0.01mol/L PBS、0.25% 胰蛋白酶 -0.02% EDTA 混合消化液、75% 乙醇溶液。
4. 主要试剂配制　见"实验 32 细胞原代培养与细胞鉴定"。

四、实 验 方 法 和 步 骤

1. 将长成单层的原代培养细胞或 HeLa 细胞从二氧化碳培养箱中取出，在超净工作台中倒掉瓶内的培养液，加入 2～3mL 0.01mol/L PBS，轻轻振荡漂洗细胞后倒掉，以去除残留的血清和衰老脱落的细胞及其碎片。

2. 加入少许 0.25% 胰蛋白酶 -0.02%EDTA 混合消化液，以液面盖住细胞为宜，静置 2～3min。在倒置显微镜下观察被消化的细胞，如果细胞变圆，相互之间不再连接成片，这时应立即停止消化细胞。

3. 在超净工作台中将消化液倒掉，加入 3～5mL 新鲜 MEM 培养液（含 10% 小牛血清），吹打，制成细胞悬液。

4. 将细胞悬液吸出 2mL 左右，加到另一个培养瓶中并向每个瓶中分别加 3mL 左右培养液，盖好瓶塞，送回二氧化碳培养箱中，继续进行培养。

一般情况下，传代后的细胞在 2h 左右就能附着在培养瓶壁上，2～4 日就可在瓶内形成单层，需要时可再次进行传代。

五、思考题及作业

1. 传代培养的目的是什么？
2. 如何避免细胞培养过程中的污染问题？
3. 观察、记录培养细胞的结果。
4. 简述传代培养的主要步骤。

实验 34 培养细胞的冻存和复苏

一、实 验 目 的

1. 了解冻存与复苏的原理。
2. 熟悉细胞冻存与复苏的方法和步骤。

二、实 验 原 理

细胞培养的传代及日常维持过程中，在培养器具、培养液及各种准备工作方面都需大量的耗费，而且细胞一旦离开活体开始原代培养，它的生物特性都将逐渐发生变化，并随着传代次数的增加和体外培养环境条件的变化而不断有新的变化。

冻存是保存细胞的最好方法。目前长时间保存细胞的方法是将细胞低温冻结保存在液氮中（-196℃），保存时间可长达一年甚至数年。冻存细胞时应加入保护剂，否则，细胞内外的水会结成冰晶，使细胞发生机械损伤。加入保护剂后，可使冰点降低，在缓慢冻结的条件下，细胞内的水分在冻结前渗出到细胞外，避免冰晶的损伤。

目前常用的保护剂为 DMSO 和甘油，它们对细胞无毒，分子量小，溶解度大，易穿透细胞，甘油的使用浓度为 10%～20%，DMSO 的使用浓度为 5%～15%。另外，冻存液中常加入培养液和血清，以提供营养、渗透压和 pH。

细胞复苏是按一定复温速度将细胞悬液由冻存状态恢复到常温。在 -70℃ 以下，细胞内的生化反应极其缓慢，甚至停止。当恢复到常温状态下，细胞的形态结构保持正常，生化反应即可恢复正常。在细胞复苏过程中，如果复温速度不当也可能引起细胞内结冰而造成细胞损伤。在复苏时，一般以很快的速度升温，1～2min 内恢复到常温，使之迅速通过最易损伤细胞的 -5～0℃。

因此，细胞冻存与复苏的原则是"慢冻快融"。

三、实 验 用 品

1. 材料 对数生长期细胞。
2. 器材 超净工作台、二氧化碳培养箱、培养瓶、记号笔、大镊子、超低温冰箱、离心机、冰箱、液氮罐、吸管、离心管（灭菌后备用）、移液管等。
3. 试剂 MEM 培养液（含 10% 小牛血清）、冻存液。
4. 主要试剂配制 冻存液：将培养液和甘油按 9：1 的比例配成 10% 的冻存液。

四、实验方法和步骤

1. 细胞冻存

（1）细胞悬液制备：选对数生长期细胞 10mL 于培养瓶中，几乎成单层时可冻存一管，收集细胞 24h 前换液一次，按传代方法制成细胞悬液。

（2）收集细胞：将细胞悬液移入无菌离心管中，1000r/min，离心 5min，去上清液。

（3）加入冻存液：取 1～1.5mL 冻存液到离心管中，轻轻吹打成细胞悬液。

（4）装瓶：用吸管吸取细胞悬液 1.5mL，装入冻存管中，尽量不使液体碰到冻存管口。

（5）封口：将冻存管盖拧紧，封口。

（6）标记：用记号笔记好细胞名称，冻存年月日。

（7）冻结和保存：将冻存管置于 4℃温度下 2～4h、-20℃温度下 2～4h、-80℃温度下过夜，然后浸入液氮。液氮量一定要充分，以使温度恒定。

2. 细胞复苏

（1）用大镊子取出液氮中的冻存管，迅速放入 37℃ 的水中，不时摇动，使之快速通过 -5～0℃。

（2）在超净工作台中，打开冻存管，吸出细胞悬液装入培养瓶中，并以 MEM 培养液（含 10% 小牛血清）10 倍稀释，混匀后 1000r/min 离心 5min，弃上清液，重复用 MEM 培养液（含 10% 小牛血清）洗一次。

3. 用 MEM 培养液（含 10% 小牛血清）稀释细胞，接种于培养瓶，放入二氧化碳培养箱中进行培养，24h 后换新鲜 MEM 培养液（含 10% 小牛血清）。

五、思考题及作业

1. 细胞冻存与复苏的原则是什么，应注意什么问题？

2. 细胞冻存为什么要加保护剂？

3. 为什么要进行细胞冻存？

4. 简述细胞冻存与复苏的主要步骤。

实验 35 细胞计数与细胞生长曲线的绘制

一、实 验 目 的

1. 掌握细胞计数的基本方法。

2. 了解传代培养细胞的观察方法。

二、实 验 原 理

细胞计数法是细胞生物学实验的一项基本技术，在原代培养、传代培养、冻存及复苏等实验中，被广泛用来确定培养细胞生长状态及接种密度。此外，细胞计数法也是测定培养基、血清、药物等物质生物学作用的重要手段。

用血细胞计数器可对细胞进行计数。细胞计数板每一大方格长为 1mm，宽为 1mm，高为 0.1mm，体积为 0.1mm³，可容纳的溶液是 0.1μL，那么每 1mL 溶液中所含细胞数即是视野中每一大方格中数出的细胞数的 10 000 倍。

细胞生长曲线是了解培养细胞增殖详细过程及细胞生长基本规律的重要手段，通过对培养细胞进行连续的计数，可绘制出细胞的生长曲线，以此确定培养细胞生长的稳定性、细胞增殖速度变化的进程及增殖高峰出现的时间，从而为进行细胞的传代、冻存及进一步利用培养细胞进行科学实验提供最佳的处理时间。

细胞传代后，一般经过三个阶段：潜伏期、指数增生期和停止期。

潜伏期：细胞接种后在培养液中呈悬浮状态，此时细胞质回缩，胞体呈圆球形，时间为 24 ～ 96h。

指数增生期：又叫对数期，此期细胞分裂增殖旺盛，是活力最好时期，时间为 3 ～ 5 日，适宜进行各种试验。

停止期：此期可供细胞生长的底物面积已被生长的细胞占满，细胞虽尚有活力但已不再分裂增殖。

三、实验用品

1. 材料　HeLa 细胞、传代培养的肝细胞或真皮成纤维细胞。

2. 器材　离心管（灭菌后备用）、普通光学显微镜、离心机、倒置显微镜、试管、试管架、细胞计数板等。

3. 试剂　MEM 培养液（含 10% 小牛血清）、D-Hank's 液、0.25% 胰蛋白酶 -0.02% EDTA 混合消化液。

4. 主要试剂配制　见"实验 32 细胞原代培养与细胞鉴定"。

四、实验方法和步骤

1. 培养细胞的计数

（1）将培养瓶中的 MEM 培养液（含 10% 小牛血清）倒入干净试管中，向培养瓶中加入 0.25% 胰蛋白酶 -0.02% EDTA 混合消化液 1ml，静置 3 ～ 5min，待见到细胞变圆，彼此不连接为止。

（2）将试管中的 MEM 培养液（含 10% 小牛血清）倒回培养瓶中，并轻轻进行吹打，制成细胞悬液。

（3）取细胞悬液滴加于放有盖片的细胞计数板的斜面上，使液体自然充满计数板小室。注意不要使小室内有气泡产生，否则要重新滴加。

（4）在普通光学显微镜 10× 物镜下计数 4 个大格内（如图 7-2，图 7-3 所示）的细胞数，压线者数上不数下，数左不数右。

$$\frac{4 \text{ 大格中细胞总数}}{4} \times 10^4 \times \text{稀释倍数} = \text{细胞数}/mL \text{ 悬液}$$

$$\frac{4 \text{ 大格中细胞总数} - \text{染色细胞数}}{4} \times 10^4 \times \text{稀释倍数} = \text{活细胞数}/mL \text{ 悬液}$$

4 大格中的每一大格体积为 $0.1mm^3$。$1mL=10\,000$ 大格，因此，1 大格细胞数 $\times 10^4 =$ 细胞数 /mL。

进行细胞计数时应力求准确，因此，在科学研究中，往往将计数板的两侧都滴加上细胞悬液，并同时滴加几块计数板（或反复滴加 1 块计数板几次），最后取结果的平均值。

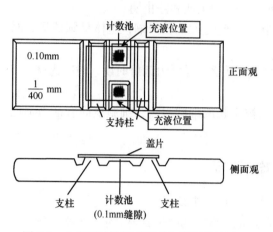

图 7-2　血细胞计数器顶面观和侧面观的图示

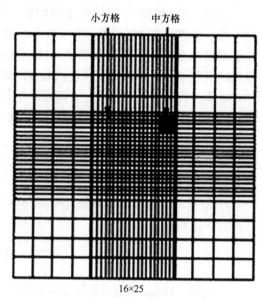

图 7-3　放大的计数室

2. 生长曲线的绘制

（1）用 0.25% 胰蛋白酶溶液消化处于对数生长期的单层培养细胞，收集消化的细胞于 10mL 离心管中。

（2）800～1000r/min 离心 5min，弃上清液。

（3）加入 MEM 培养基（含 10% 小牛血清），制备单细胞悬液。

（4）吹打均匀后对细胞进行计数。

（5）按 $2×10^4$～$5×10^4$ 个 /mL 的细胞浓度接种在 24 孔培养孔板内。

（6）每天用胰蛋白酶溶液对其中 3 孔细胞进行消化，以 D-Hank's 液稀释，镜下计数。

（7）计算 3 孔培养细胞数的平均值。

（8）连续 7 日按上述方法消化 3 孔细胞并进行计数，算平均值。

（9）以培养时间作为横坐标，细胞数为纵坐标，在半对数坐标纸上，将各点连成曲线，即可获得细胞的生长曲线（图 7-4）。

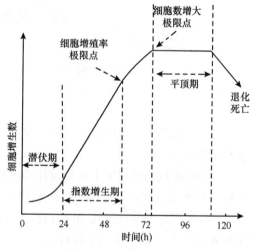

图 7-4　细胞的生长曲线

五、思考题及作业

1. 测定细胞生长曲线的意义是什么？

2. 细胞计数时为什么要用台盼蓝染色？

3. 细胞生长曲线测定时为什么要做重复孔？

4. 细胞生长曲线还有其他方法绘制吗？

实验 36　细胞增殖检测

细胞增殖检测的应用相当广泛，既可用于测试药物试剂和生长因子的增殖效果，也可用于评估细胞毒性、分析细胞活性状态等研究。细胞增殖检测一般是检测分裂中的细胞数量或者细胞群体发生的变化。根据检测指标的不同，细胞增殖检测方法有 DNA 合成检测（如 BrdU 法）、代谢活性检测（如 MTT 法）、特异性增殖抗原法（如 Ki67）等。在具体的研究工作中根据所研究的细胞类型和研究方案，以及在细胞增殖中期望得到的信息进行选择。

一、实验目的

1. 了解细胞增殖的形态改变与生理生化变化。
2. 理解并掌握细胞增殖检测的原理及常用方法。

二、实验原理

1. MTT 法：MTT 实验是检测细胞活力的实验方法，由于细胞活力与细胞数呈正相关，因此也常常用来检测细胞的增殖情况。MTT[3-（4，5）-dimethylthiahiazo（-z-yl）-3，5-diphenytetrazoliumromide]，是一种黄颜色的染料。活细胞线粒体中的琥珀酸脱氢酶能将外源性 MTT 还原为水不溶性的蓝紫色结晶甲臜（formazan）并沉积在细胞中，而死细胞无此功能。DMSO 能溶解细胞中的甲臜，用酶联免疫检测仪在 490nm 波长处测定其光吸收值，可间接反映活细胞数量。在一定细胞数范围内，MTT 结晶形成的量与细胞数成正比。该方法广泛应用于一些生物活性因子的活性检测、大规模的抗肿瘤药物筛选、细胞毒性试验及肿瘤放射敏感性测定等。它的特点是灵敏度高、经济实用。

2. BrdU 法：DNA 合成检测是目前实验室中检测细胞增殖最准确可靠的方式。BrdU，即 5-bromo-2'-deoxyuridine，中文全名 5-溴脱氧尿嘧啶核苷，为胸腺嘧啶的衍生物，在细胞分裂的 S 期，可以取代胸腺嘧啶而插入正在复制的细胞 DNA 中。通过免疫化学手段，用 BrdU 抗体检测整合在细胞 DNA 中的 BrdU 分子，可以反映出细胞周期的活力，即细胞增殖的速率，从而得出样品中细胞的增殖情况。

三、实验用品

1. 材料　HeLa 细胞。
2. 器材　恒温培养箱、离心机、培养瓶、离心管（灭菌后备用）、脱色摇床、酶标仪、吸管、24 孔板等。
3. 试剂　MTT 溶液、BrdU 溶液、DMSO、抗 BrdU 标记抗体、固定液。
4. 主要试剂的配制
（1）MTT 溶液配制：取 0.5g MTT 溶于 pH 7.4 的 100 mL 0.01mol/L PBS 液中（5mg/mL），用 0.22μm 的滤膜过滤除菌，分装，置于 4℃ 冰箱中储存。
（2）BrdU 溶液配制：取 BrdU 10mg 溶于 10mL 双蒸水中，4℃ 下避光保存。

四、实验方法和步骤

1. MTT 法

（1）接种细胞：消化 HeLa 细胞，用全培养液配成单个细胞悬液，以 $1×10^5$ 二个孔的细胞密度接种到 24 孔板，每孔 500μL；接种时要保证每孔铺的细胞数目均匀一致。设空白对照，对照组与试验平行，但不加细胞只加培养液。其他试验步骤保持一致，最后比色以空白对照组调零。

（2）MTT 加药检测：培养 3 日后，每孔加 MTT 溶液 10～20μL。继续孵育 4 h，终止培养，小心吸弃孔内培养上清液（对于悬浮细胞需要离心后再吸弃孔内培养上清液）。

（3）每孔加 500μL DMSO，脱色摇床低速振荡 10min，使结晶物充分融解。

（4）比色：在酶标仪 490nm 处测定各孔光吸收值，记录结果。MTT 实验吸光度最后要在 0～0.7 之间，超出这个范围就不是线性关系。

2. BrdU 法

（1）消化 HeLa 细胞成单细胞悬液，以 $1×10^5$ 二个 / 孔细胞密度接种到 24 孔板，每孔 500μL；接种时要保证每孔铺的细胞数目均匀一致。

（2）加入 BrdU 标记溶液，终浓度为 10μmol/L，以 37℃孵育 2～24h。对于大多数应用，2h 已经足够。延长孵育的时间会增加掺入细胞 DNA 中 BrdU 的量，进而增加吸收值和敏感性。

（3）吸去培养基，在孔板中加入 200μL/ 孔的固定液，并在 15～25℃孵育 30min。

（4）吸去固定液。每孔加 100μL 抗 BrdU 标记抗体（anti-BrdU-POD）工作液，以 15～25℃孵育 90min。

（5）吸去抗体标记物，并用洗涤缓冲液洗 3 次。

（6）每孔加入 100μL 底物溶液，以 15～25℃孵育直至颜色变至蓝色，进行读数（此处可以选择加入 25μL 1mol/L H_2SO_4 并在摇床上彻底混匀）。

（7）读数：如果没有加入终止液，可以于不同的时间点（5min/10min/20min）在 370nm 波长分别读数（本底波长 492nm），并确定最适时间点；如果加入终止液，于 450nm 读数（本底波长 690nm）。

五、思考题及作业

1. 简述 MTT 法和 BrdU 法检测细胞增殖的原理。

2. 简述 DMSO 在 MTT 法检测中所起的作用。

3. 结合理论知识，提出其他可靠的用于细胞检测的一些指标。

实验 37　细胞周期时相的检测及分析

一、实 验 目 的

1. 掌握流式细胞仪（flow cytometer，FCM）的使用方法。

2. 流式细胞仪周期时相的检测原理。

二、实 验 原 理

细胞内的 DNA 含量随着细胞周期进程发生周期性变化，利用荧光探针标记的方法，通过流式细胞仪对细胞内 DNA 的相对含量进行测定，可分析细胞周期各时相的百分比。

三、实 验 用 品

1. 材料　对数生长期肿瘤细胞。
2. 器材　离心机、冰箱、流式细胞仪、离心管、吹打管、注射器、300 目尼龙网等。
3. 试剂　培养液、血清、胰酶、70% 乙醇、PBS、碘化丙啶（propidium iodide，PI）、核糖核酸酶 A（RNase-A）。

四、实验方法和步骤

1. 取对数生长期肿瘤细胞，收集培养液（勿弃掉），用胰酶消化，收集至 10mL 离心管中，以 1000r/min 离心 15min，取上清液。
2. 用 PBS 洗 1 次，吹散。
3. 用注射器将细胞吸起，用力打入 5mL 预冷的 70% 乙醇中，封口，以 4℃过夜。
4. 以 1000r/min 离心 15min 收集固定细胞，用 PBS 洗 1 次。
5. 用 0.4mL PBS 重悬细胞，并转至 1.5mL 离心管中轻轻吹打，加入 RNase-A 约 3μL。
6. 加 PI 约 60μL，在冰浴中避光染色 30min。
7. 用 300 目尼龙网过滤，用流式细胞仪分析测定并打印结果。

五、思考题及作业

1. 用哪些方法可以检测细胞周期时相？
2. 检测细胞周期时相的意义是什么？

实验 38　细胞凋亡的检测

细胞凋亡（apoptosis），又称细胞程序性死亡（programmed cell death，PCD），是指细胞在一定的生理或病理条件下，遵循自身的程序，自己结束其生命的过程。它是一个主动的、高度有序的、基因控制的、一系列酶参与的过程。细胞凋亡与坏死是两种完全不同的细胞凋亡形式，根据死亡细胞在形态学、生物化学和分子生物学上的差别，可以将二者区别开来。细胞凋亡的检测方法有很多，常用的方法有 TUNEL 法和 annexin V/PI 染色法。

一、实 验 目 的

1. 认识并了解细胞凋亡的形态改变与生理、生化特征。
2. 熟练掌握检测细胞凋亡的常用方法。

二、实验原理

1. TUNEL 法　细胞凋亡时，染色体 DNA 双链断裂或单链断裂而产生大量的黏性 3'-OH 端，可在末端脱氧核苷酸转移酶（TdT）的作用下，将脱氧核糖核苷酸和过氧化物酶形成的衍生物标记到 DNA 的 3'- 端，在适合底物存在下，过氧化物酶可产生很强的颜色反应，特异准确的定位出正在凋亡的细胞，因而可在普通光学显微镜下进行观察。从而可进行凋亡细胞的检测，这类方法称为脱氧核糖核苷酸末端转移酶介导的缺口末端标记（terminal deoxynucleotidyl transferase-mediated dUTP-biotin nick end labeling，TUNEL）法。由于正常的或正在增殖的细胞几乎没有 DNA 的断裂，因而没有 3'-OH 形成，很少能够被染色。TUNEL 实际上是分子生物学与形态学相结合的研究方法，对完整的单个凋亡细胞核或凋亡小体进行原位染色，能准确地反应细胞凋亡典型的生物化学和形态特征，因而在细胞凋亡的研究中被广泛采用。

2. annexin V/PI 染色法　在细胞凋亡早期，磷脂酰丝氨酸（phosphatidylserine，PS）可从细胞膜的内侧翻转到细胞膜的表面，暴露在细胞外环境中。膜联蛋白 V（annexin V）是一种分子量为 35k ~ 36kDa 的 Ca^{2+} 依赖性磷脂结合蛋白，能与 PS 高亲和力特异性结合。将 annexin V 进行荧光素（FITC、PE）或 Biotin 标记，以标记了的 annexin V 作为荧光探针，利用流式细胞仪或荧光显微镜可检测细胞凋亡的发生。

PI 是一种核酸染料，它不能透过完整的细胞膜，但在凋亡中晚期的细胞和死细胞，PI 能够透过细胞膜而使细胞核红染。因此将 annexin V 与 PI 匹配使用，就可以将凋亡中晚期的细胞及死细胞区分开来。

三、实 验 用 品

1. 材料　HeLa 细胞。

2. 器材　流式细胞仪、恒温培养箱、载玻片、滤纸、离心机、光学显微镜、离心管（灭菌后备用）、湿盒、微量加样器、吸管、移液管、染色缸等。

3. 试剂　RPMI-1640 培养液（含小牛血清和青霉素、链霉素）、4% 中性甲醛、含 2%H_2O_2 的 PBS、蒸馏水、0.25% 胰蛋白酶溶液、荧光溶液、PBS（pH 7.4）、100% 正丁醇、二甲苯、甲基绿、30% H_2O_2、过氧化物酶标记的抗地高辛抗体、0.05% DAB 溶液、TdT 缓冲液、TdT 反应液、洗涤与终止反应缓冲液、孵育缓冲液、标记液、不含 TdT 的反应液。

4. 主要试剂的配制

（1）TUNEL 法

1）TdT 缓冲液（新鲜配）：称取 Trlzma 碱　3.63g 溶于蒸馏水，0.1 mol/L HCl 调节 pH 至 7.2，定容到 1000mL，再加入二甲砷酸钠 29.96g 和氯化钴 0.238g。

2）TdT 反应液：TdT 32μL，TdT 缓冲液 76μL，混匀，置于冰上备用。

3）洗涤与终止反应缓冲液：氯化钠 17.4g，柠檬酸钠 8.82g，加蒸馏水定容至 1000mL。

（2）annexin V/PI 法

1）孵育缓冲液：10mmol/L Hepes-NaOH，pH 7.4，140 mmol/L NaCl，5 mmol/L $CaCl_2$。

2）标记液：将 FITC-annexin V 和 PI 加入到孵育缓冲液中，终浓度均为 1μg/mL。

四、实验方法和步骤

1. TUNEL 法

（1）标本预处理：将约 5×10^7 个 /mL 细胞于 4% 中性甲醛室温中固定 10min。在载玻片上滴加 50 ～ 100μL 细胞悬液并使之干燥。用 PBS（pH 7.4）洗 2 次，每次 5min。

（2）加入含 2% H_2O_2 的 PBS，于室温反应 5min。用 PBS 洗两次，每次 5min。

（3）用滤纸小心吸去载玻片上多余液体，立即在切片上加 2 滴 TdT 缓冲液，置于室温 1 ～ 5min。

（4）用滤纸小心吸去玻片周围的多余液体，立即在载玻片上滴加 54μL TdT 反应液，置湿盒中于 37℃ 反应 1h（注意：阴性染色对照，加不含 TdT 的反应液）。

（5）将载玻片置于染色缸中，加入已预热到 37℃ 的洗涤与终止反应缓冲液，于 37℃ 保温 30min，每 10min 将载玻片轻轻提起和放下一次，使液体轻微搅动。

（6）细胞载玻片用 PBS（pH 7.4）洗 3 次，每次 5min 后，直接在载玻片上滴加 2 滴过氧化物酶标记的抗地高辛抗体，于湿盒中室温反应 30min。用 PBS（pH 7.4）洗 4 次，每次 5min。

（7）在细胞载玻片上直接滴加新鲜配制的 0.05% DAB 溶液，室温显色 3 ～ 6min。

（8）用蒸馏水洗 4 次，前 3 次每次 1min，最后 1 次 5min。

（9）于室温用甲基绿进行复染 10min。用蒸馏水洗 3 次，前 2 次将载玻片提起放下 10 次，最后 1 次静置 30s。依同样方法再用 100% 正丁醇洗 3 次。

（10）用二甲苯脱水 3 次，每次 2min，封片、干燥后，在光学显微镜下观察并记录实验结果。

2. annexin Ⅴ /PI 法

（1）细胞收集：悬浮细胞直接收集到 10mL 的离心管中，每样本细胞数为 5×10^6 个 /mL，1000r/min 离心 5min，弃去培养液。

（2）用孵育缓冲液洗涤 1 次，1000r/min 离心 5min。

（3）用 100μL 的标记液重悬细胞，室温下避光孵育 10 ～ 15min。

（4）1000 r/min 离心 5min 沉淀细胞，孵育缓冲液洗 1 次。

（5）加入荧光溶液 4℃ 下孵育 20min，避光并不时振动。

（6）流式细胞仪分析：流式细胞仪激发光波长用 488nm，用波长为 515nm 的通带滤器检测 FITC 荧光，波长大于 560nm 的滤器检测 PI。

（7）结果观察：凋亡细胞对所有用于细胞活性鉴定的染料如 PI 有抗染性，坏死细胞则不能。细胞膜有损伤的细胞的 DNA 可被 PI 着染产生红色荧光，而细胞膜保持完好的细胞则不会有红色荧光产生。因此，在细胞凋亡的早期不会着染 PI 而没有红色荧光信号。正常活细胞与此相似。在双变量流式细胞仪的散点图上，左下象限显示活细胞，为（FITC-/PI-）；右上象限是非活细胞，即坏死细胞，为（FITC+/PI+）；而右下象限为凋亡细胞，显现（FITC+/PI-）。

五、思考题及作业

1. 简述细胞凋亡的形态学改变与生物化学和分子生物学方面的变化。

2. 简述 TUNEL 法与 annexin Ⅴ /PI 法检测细胞凋亡的原理。

3. 画图表示 annexin V /PI 法检测细胞凋亡的结果示意图。

4. 结合理论知识，尝试提出 2 种以上可用于检测细胞凋亡的可行的方法。

实验 39　细胞迁移与侵袭

细胞运动指包括细胞表现出的所有运动，如细菌的鞭毛运动，变形虫、白细胞等的变形运动，草履虫等的纤毛运动，精子等的鞭毛运动，植物细胞的原生质流动和黏变形体的原生质流动，平滑肌和横纹肌的收缩，细胞分裂时染色体的移动和细胞质的凹陷等。而细胞迁移作为一种特殊的运动方式，是细胞觅食、伤口痊愈、胚胎发生、免疫反应、感染和癌症转移等生理现象所涉及的内容。细胞迁移是目前细胞生物学研究的一个主要课题和热门研究方向，研究人员试图通过对细胞迁移的研究，在阻止癌症转移、异体植皮等医学应用方面取得更大成果。

一、实 验 目 的

1. 了解细胞迁移实验的基本原理。

2. 掌握 Transwell 细胞迁移实验的基本原理。

3. 初步掌握细胞迁移实验的基本技术。

二、实 验 原 理

细胞迁移指的是细胞在接收到迁移信号或感受到某些物质的浓度梯度后而产生的移动。迁移过程中细胞不断重复着向前方伸出伪足，然后牵拉胞体的循环过程。细胞骨架和其结合蛋白是这一过程的物质基础，另外还有多种物质对之进行精密调节。

细胞划痕实验是一种简单易行的检测细胞运动的方法，实验成本低，细胞长到融合成单层状态时，在融合的单层细胞上人为制造一个空白区域，称为"划痕"；划痕边缘的细胞会逐渐进入空白区域使"划痕"愈合。细胞划痕实验可以用来检测贴壁生长的肿瘤细胞的侵袭转移能力。

Transwell 小室（Transwell chamber，Transwell insert），是研究细胞体外迁移运动能力的较理想模型，细胞经聚碳酯膜进入含纤维连接蛋白的下室的能力反映了细胞体外迁移能力。Transwell 小室，其外形为一个可放置在孔板里的小杯子，杯子底层是一张有通透性的膜，这层膜带有微孔，孔径大小有 $0.1 \sim 12.0\mu m$，根据不同需要可用不同材料，一般常用的是聚碳酸酯膜（polycarbonate membrane）。

Transwell 细胞迁移实验的基本原理是将 Transwell 小室放入培养板中，小室内称为上室，培养板内称为下室，上室内添加上层培养液，下室内添加下层培养液，上下层培养液以膜相隔。将细胞种在上室内，由于膜有通透性，下层培养液中的成分可以影响到上室内的细胞，故可以研究下层培养液中的成分对细胞生长、运动等的影响。选择不同材料的膜和孔径，可以进行共培养、细胞趋化、细胞迁移、细胞侵袭等多种方面的研究。

肿瘤细胞侵袭实验可用于：①研究各种细胞因子对恶性肿瘤细胞侵袭和转移的影响；②一些抑制血管生成的新药研究；③研究肿瘤细胞侵袭和转移机制。

人工基膜（matrigel）模型是肿瘤细胞侵袭实验的常用实验方法。其实验原理是基于 matrigel 从小鼠 EHS 肉瘤中提取的基质成分，含有层粘连蛋白（LN）、Ⅳ型胶原、接触蛋白和肝素硫酸多糖，铺在无聚乙烯吡咯烷酮的聚碳酸酯滤膜上，能在 DMEM 培养基中重建形成膜结构，这种膜结构与天然基质膜结构极为相似。

滤膜孔径一般为 8μm，而且膜孔都被 matrigel 覆盖，细胞不能自由穿过，必须分泌水解酶，并通过变形运动才能穿过这种铺有 martrigel 的滤膜，这与体内情况较为相似。铺有 martrigel 的滤膜放在以 Blind Well 腔或 MICS 腔上下室之间，铺有 martrigel 面朝向上室，在下室中加有趋化剂，如一定浓度的 LN、纤连蛋白（FN）或小鼠 3T3 条件培养液或人睾丸上皮成纤维细胞培养液，上室加入重悬的瘤细胞，具有侵袭能力的细胞在趋化剂诱导下开始穿膜运动。细胞穿膜所用的时间与 martrigel 的用量有关，选择 25μg martrigel 铺膜，16h 后观察结果较为合适。穿过滤膜的细胞多数黏附在滤膜下表面，可用棉签将上表面的细胞拭去，然后用乙醇固定滤膜，PE 染色，在光学显微镜下观察统计穿过 martrigel 的细胞数。另外用 Transwell 小室也可进行重建基质膜侵袭分析，这一方法是在 Transwell 小室吊篮式上腔的滤膜上铺上 30μg martrigel，加入细胞 72h 后观察结果。值得注意的是，细胞在 Transwell 腔中培养 72 h 后，有相当数量穿过滤膜的细胞不再黏附在滤膜下表面，而是脱落进入下腔溶液中，因此统计穿过基质膜的细胞数目时应把这部分细胞考虑在内。肿瘤细胞穿过重建基质膜的能力与它的体内侵袭转移能力表现出较好的相关性，可以用重建基质膜模型初筛抗侵袭药物。

在上述分析中，如果不在膜上铺 martrigel 而直接将 8μm 孔径滤膜安放在侵袭腔室上下腔室之间，细胞通过变形运动穿过滤膜，用这种模型对分析细胞运动能力和药物对细胞运动能力的影响。另外，在下室中加有 LN 或 FN 或在滤膜下表面铺上 LN 或 FN，可分析药物对肿瘤细胞的趋化性或趋触性的影响。

三、实验用品

1. 材料　体外培养的对数生长期的肿瘤细胞（HepG2 或乳腺癌细胞 MCF-7，可根据各自实验室的情况选用不同的细胞株）。

2. 器材　二氧化碳培养箱、超净工作台、微量加样器、棉签、酶标仪、载玻片、试管、移液吸头、倒置显微镜、6 孔板、离心机、离心管（灭菌后备用）、直尺、枪头、Transwell 小室（孔径 8μm）、Transwell 迁移实验的细胞培养板 24 孔板、马克笔。

3. 试剂　无血清培养基、胰酶、PBS、无血清 DMEM 培养基、75% 甲醇、1640 完全培养基、棉签、4% 多聚甲醛固定液或者甲醇、结晶紫染液（0.5%、0.1%）、matrigel 基质胶、DMEM 结晶紫染料溶液、33% 乙酸、胎牛血清（FBS）-DMEM 培养基、干扰素 -γ（IFN-γ）。

4. 主要试剂配制

（1）结晶紫染液（0.5%）：称取 0.5g 结晶紫，加 100mL 冰乙酸使溶解完全，摇匀即得。

（2）matrigel 基质胶：10 mg/ml，5mL，分装成 0.5mL/ 只 10 个 EP 管中。用时加入 0.5 mL 的 DMEM。matrigel 在冰上维持液态，室温时可迅速凝结成胶。

四、实验方法与步骤

1. 细胞划痕实验

（1）准备：所有能灭菌的器械都要灭菌，直尺和马克笔在操作前紫外照射 30min（超净工作台内）。

（2）先用马克笔在 6 孔板背后，用直尺比着，均匀地划横线，每隔 $0.5 \sim 1cm$ 划一道，横穿过孔。每孔至少穿过 5 条线。

（3）用胰酶消化处于对数生长期的肿瘤细胞，在 6 孔板的孔中加入约 5×10^5 个细胞，具体数量因细胞不同而不同，掌握为过夜能铺满。

（4）24h 后用枪头比着直尺，尽量垂直于背后的横线划痕，枪头要垂直，不能倾斜。

（5）用 PBS 洗细胞 3 次，去除划下的细胞，加入无血清培养基。

（6）放入 37℃ 5% 二氧化碳培养箱，培养。按 0h、6h、12h、18h、24h 取样，拍照。

（7）实验结果：在倒置显微镜下先用低倍镜寻找 6 孔板中划痕边缘的细胞是否会进入空白区域，再转换高倍镜仔细观察。

2. Transwell 细胞迁移实验

（1）准备：所有能灭菌的器械都要灭菌。

（2）在超净工作台内将 Transwell 小室安装在相应的细胞培养板 24 孔板内。

（3）消化细胞，终止消化后离心弃去培养液，用 PBS 洗 $1 \sim 2$ 遍，用无血清 1640 培养基重悬。调整细胞密度至 5×10^5 个 /mL。

（4）取细胞悬液 100μL 加入 Transwell 小室。

（5）24 孔板下室一般加入 600μL 1640 完全培养基。特别注意的是，下层培养液和小室间常会有气泡产生，一旦产生气泡，下层培养液的趋化作用就减弱甚至消失了，在种板的时候要特别留心，一旦出现气泡，要将小室提起，去除气泡，再将小室放进培养板。

（6）培养细胞：常规培养 $12 \sim 48h$（主要依癌细胞侵袭能力而定）。24h 较常见，时间点的选择除了要考虑到细胞侵袭力外，还要考虑处理因素对细胞数目的影响。

（7）取出 Transwell 小室，弃去孔中培养液，刮去膜上层未发生迁移的细胞。

（8）用 75% 甲醇固定膜上的细胞 30min，将小室适当风干。

（9）用结晶紫染色（0.5%）染色 20min，用 PBS 洗 3 遍。

（10）倒置显微镜下观察聚碳酯膜下表面的细胞数。随机选取 5 个视野计数，拍照。

（11）实验结果：采用直接计数法对"贴壁"的细胞进行计数。"贴壁"是指细胞穿过膜后，可以附着在膜的下室侧而不会掉到下室里面去，通过对细胞染色，可在镜下计数细胞。

3. 肿瘤细胞侵袭实验

（1）准备：溶胶，以 4℃ 过夜。室温下基质胶易成凝胶，所以，实验步骤中使用试管和枪头要在试验前进行 -20℃ 预冷。

（2）包被基膜（冰上操作）：用无血清的 DMEM 培养基稀释 matrigel 胶。取 100 μL 稀释胶加到 24-well Transwell 上室中。以 37℃ 孵育 Transwell $4 \sim 5h$。

（3）水化基膜：用无血清培养基清洗凝胶。

（4）准备细胞悬液和小室：用消化法从细胞培养瓶中获取细胞。用培养基洗 3 遍。重悬细胞，5×10^5 个 /mL，1% FBS。上室加 200 μL 细胞悬液。下室中加入 600μL 细胞培养基，含有 5μg/mL 纤维粘连蛋白（fibronectin）作为粘连亚族。

（5）以 37℃ 孵育，$20 \sim 24h$。

（6）染色和计数：用棉签擦去上室上面的非侵袭细胞。移去 Transwell，倒置，风干。24 孔板中加入 500μL 0.1% 结晶紫染液，将小室置于其中，使膜浸没在培养基中，以 37℃ 30min 后取出，PBS 清洗。直径上取 4 个视野，照相，计数。24 孔板中加入 500μL 33% 乙酸，将小室置于其中，浸膜，振荡 10 min，充分溶解。取出小室，24 孔板于酶标仪上 570nm 测光密度（OD）值，间接反应细胞数。

（7）注意事项：①照相前一定要晾干，照相时将小室正置于载玻片上，在倒置显微镜下观察、照相。②使用 matrigel 前应将其从 -20℃处转移至 4℃处待其自然溶化（如过夜放置），避免反复冻融。③使用时需接触 matrigel 的试管、移液吸头等均应于 4℃处预冷。④使用 matrigel 时注意无菌操作。

五、思考题及作业

1. 研究细胞迁移有哪些基本方法？
2. 在进行 Transwell 细胞迁移实验时，要注意哪些问题？

实验 40 细胞衰老的诱导与半乳糖苷酶染色观察

一、实验目的

1. 熟悉 β- 半乳糖苷酶染色显示细胞衰老的原理及操作步骤。
2. 掌握 H_2O_2 诱导细胞衰老的原理。
3. 了解细胞衰老在光学显微镜下的形态特征。

二、实验原理

氧化损伤理论是衰老机制的主要理论之一。该理论认为，在生物氧化过程中产生活性氧成分，包括超氧阴离子、H_2O_2 和羟自由基。活性氧成分对生物大分子，如蛋白质、核酸等均有损伤作用，导致细胞结构和功能的改变，引起细胞衰老。

对于体外培养细胞的细胞衰老研究，当前常用的生物学特征有两个：一是生长停滞细胞不可逆的停止分裂；二是衰老相关的 β-半乳糖苷酶(senescence-associated β-galactosidase，SA β-gal）的活化。β-半乳糖苷酶是溶酶体内的水解酶，通常在 pH 4.0 的条件下表现活性，而在衰老细胞中 pH 6.0 条件下即表现出活性。将细胞固定后，用 pH 6.0 的 β- 半乳糖苷酶底物溶液进行染色，就能明显区分年轻和年老的细胞。

三、实验用品

1. 材料　原代人成纤维细胞 WI-38。
2. 器材　光学显微镜、二氧化碳恒温培养箱，培养瓶。
3. 试剂　含 10%FBS 的 M199 培养液、PBS、含 300μmol/L H_2O_2 的培养液、含 0.2% 甲醛和 0.2% 戊二醛的固定液、β-半乳糖苷酶底物溶液、0.1% 核固红。
4. 主要试剂的配制

（1）300μmol/L H_2O_2：取 306mL 质量浓度为 30% 的 H_2O_2 溶液，用灭菌的 100mL 容量瓶定容，配成 30 000μmol/L 的储存液，使用时根据培养液的用量添加 H_2O_2 试剂，使 H_2O_2 的终浓度为 300μmol/L。

（2）含 0.2% 甲醛和 0.2% 戊二醛的固定液：量取 1.25mL 40% 甲醛（摇匀），2mL 25% 戊二醛置于 250mL PBS 中。

（3）β-半乳糖苷酶底物溶液（现用现配）：40mmol/L 柠檬酸磷酸钠溶液（pH 6.0）、1mg/mL X-Gal、5mmol/L 铁氰化钾、150mmol/L NaCl、2mmol/L $MgCl_2$。

（4）0.1% 核固红（配制 100mL）：取 0.1g 核固红，加入到 100mL 的 5% $CuSO_4$ 溶液中，加热溶解，冷却过滤。

四、实验方法和步骤

1. 用含 10% FBS 的 M199 培养液在 37℃、5% CO_2 条件下恒温培养原代人成纤维细胞 WI-38，每 36h 换液 1 次。

2. 细胞长至 70% 左右的密度时，实验组（诱导细胞衰老）更换为含有 300μmol/L H_2O_2 的培养液，空白组更换为正常的培养液，继续培养 30min。

3. 倒掉培养液，加入 PBS 漂洗 2 次。

4. 用含 0.2% 甲醛和 0.2% 戊二醛的固定液固定细胞 10min。

5. 向培养的细胞中加入 β-半乳糖苷酶底物溶液，在 37℃（不含 CO_2）孵育 10h。

6. 除去 β-半乳糖苷酶底物溶液，加入 PBS 漂洗 2 次。

7. 室温下，0.1% 核固红复染细胞 10min。

8. 用 PBS 漂洗两次后，在光学显微镜下观察结果。

五、思考题及作业

1. 为什么 H_2O_2 能够诱导细胞衰老？

2. 试述 β-半乳糖苷酶染色显示细胞衰老的原理。

3. 列举检测细胞衰老的方法。

第八章　细胞工程技术

实验 41　细胞融合

一、实验目的

1. 了解细胞融合的原理。
2. 掌握细胞融合的方法。

二、实验原理

在人工条件下，只有在某些诱导物（如仙台病毒、聚乙二醇等）的诱导下，使亲本细胞膜发生一定的变化，才能使 2 个或多个细胞融合。细胞融合过程，首先是在诱导物的作用下出现细胞凝集现象；然后，在细胞粘连处发生融合，而成为多核细胞；最后，经有丝分裂、细胞核进行融合、形成新的杂种细胞。

仙台病毒法融合：2 种细胞在一起培养，加入病毒，在 4℃ 条件下病毒附着在细胞膜上，并使 2 种细胞相互凝聚；在 37℃、pH 8.0 ～ 8.2、Ca^{2+} 和 Mg^{2+} 存在的条件下，病毒与细胞膜发生反应，细胞膜受到破坏；细胞膜连接部穿通，周边连接部修复，融合成巨大细胞。

聚乙二醇（PEG）法：PEG 结构为 $CH_2(OH)—(CH_2CH_2O)_n—CH_2OH$，分子量为 200 ～ 6000 者均可用作细胞融合剂。由于分子量小的 PEG，融合效应差，又有毒性；分子量过大，则黏性太大，不易操作。所以一般选用分子量为 4000，常用浓度为 50%，pH 8.0 ～ 8.2。PEG 经高压灭菌后，与温热的 Engle 液混合。

电融合法：在直流电脉冲的诱导下，细胞膜表面的氧化还原电位发生改变，使异种细胞黏合并发生质膜瞬间破裂，进而质膜开始连接，直到闭和成完整的膜，形成融合体。

用人工方法诱导的细胞融合可形成两种类型的双核或多核细胞，由同一亲本的细胞融合形成的细胞称之为同核体（homokaryon），由不同亲本细胞融合形成的则称之为异核体（heterokaryons）。细胞融合后的多核细胞大多只能存活一段时间（约十几日）就相继死亡，而只有双核的异核体才能存活下来。存活下来的异核体经有丝分裂，染色体合并在一个细胞核内，形成杂种细胞。

为便于杂种细胞的筛选，细胞融合时所用的亲本细胞中，其中一个常选用能在体外增殖但有酶缺陷的细胞，如缺乏次黄嘌呤鸟嘌呤核糖基转移酶（HPRT）或核苷激酶（TK）；而另一亲本细胞则选用离体后不能再生增殖的细胞。将这两种细胞进行融合后，用 HAT 培养基培养。后一种亲本的未融合细胞和同核体由于离体后不能生长而死亡；前一种亲本的未融合细胞和同核体（离体细胞能在全养培养基中生长增殖）由于 HAT 培养基中所含的氨基蝶呤可阻断其 DNA 合成的主要途径，而这种细胞又因为缺乏 HPRT 和 TK 不能利用培养基中的外源核苷酸原料（次黄嘌呤）而死亡。因而只有经过融合的异核体（杂种细胞），由于酶的补偿作用，能在 HAT 培养基中生存，从而被筛选出来。

三、实验用品

1. 材料　小鼠腹腔巨噬细胞（或鸡红细胞）、猪肾传代细胞系 IB-RS-2 细胞。

2. 器材　水浴锅、离心机、二氧化碳培养箱、光学显微镜、24 孔培养板（或 96 孔培养板）、具塞尖底离心管、载玻片、盖玻片、烧杯等。

3. 试剂　40%PEG 溶液、E-MEM 培养液、生理盐水、血清、甲醇、Giemsa 染液。

4. 主要试剂配制

（1）40% PEG 溶液：用水配置 40% 浓度（w/v），0.22μm 滤膜过滤即可。

（2）Giemsa 染液：Giemsa 粉 1.0g 放入研钵中，先加入少量甘油，研磨至无颗粒为止，然后再将全部甘油 66mL 倒入，将 Giemsa 粉置于 56℃ 温箱中 2h 后，加入甲醇 66mL，将配制好的染液密封保存在棕色瓶内（最好于 0 ~ 4℃ 保存）。

四、实验方法和步骤

1. 混合 2 种亲本细胞（脊椎动物细胞）　取小鼠腹腔巨噬细胞（或鸡红细胞）悬液 1mL（10^7 个 /mL），猪肾传代细胞包括 IB-RS-2 细胞 1mL（10^6 个 /mL）注入 5mL 具塞尖底离心管中，混合 2 种亲本细胞后，取出混合液 0.2mL，用生理盐水稀释 5 倍，作对照。

2. 细胞融合　将上述剩余的 2 种亲本细胞的混合液以 1500r/min 的转速离心 5min，弃去大部分上清液，留下 0.1mL 液体将沉降的细胞分散于其中，制成细胞悬液。轻轻摇动试管并逐滴加入在 37℃ 下预热的 40%PEG 溶液 0.4mL 中，将此悬液置于 37℃ 水浴锅中温浴 90s 后，缓慢地加入无血清培养液 5mL，以终止 PEG 的作用。此后盖塞，并慢慢地倾转离心管 4 ~ 5 次。以 1500r/min 离心 5min。弃去大部分上清液，留下约 0.1mL 悬浮细胞液。在此悬浮液中加入 5mL 完全的 E-MEM 培养液（系指加入血清的培养液），混匀后，取出 0.4mL 悬浮液作观察用。

3. 细胞培养　将细胞 4 倍稀释，混匀，以每孔 0.5mL 分装于 24 孔培养板或每孔 0.1mL 分装于 96 孔培养板，置于 37℃，5% 二氧化碳培养箱中培养。

4. 制片　将步骤 2 和 3 所留下的 2 种亲本细胞的混合液和融合后的细胞悬液分别涂片（每组涂 3 张），迅速干燥，甲醇固定，Giemsa 染液进行染色、水洗、干燥。镜检，观察融合细胞。或者将上述 2 种细胞悬液分别滴于载玻片上，加盖玻片后，在显微镜下直接进行观察。

5. 观察　先观察对照组，从形态上识别 2 种亲本细胞并观察其中有无融合细胞。此后观察实验组，找出融合后的多核细胞、双核细胞，区分同种融合与异种融合细胞。

五、思考题及作业

1. 绘图显示同种融合与异种融合细胞。

2. 介绍你所了解的细胞融合现象或实验。

实验 42　早熟染色体凝集

一、实 验 目 的

1. 掌握早熟染色体凝集方法。

2. 熟悉细胞周期各时相染色体凝集与去凝集的过程。

二、实 验 原 理

Mazia 提出在细胞周期中存在一个染色体周期，即染色体在 M 期是凝集状态，G_1 期向 S 期发展时染色质逐渐去凝集，由 S 期向 G_2 期发展时又逐渐凝集。然而染色质在细胞周期中的变化，显微镜下观察不到，直到 1970 年，Johnson 和 Rao 在仙台病毒诱导下的 HeLa M 期细胞和间期细胞的融合，才第一次显示细胞周期的存在。除了灭活的仙台病毒可以诱导细胞融合外，还有灭活的鸡新城疫病毒也有此作用。由于病毒的制备比较复杂，现多用化学方法如 PEG 进行细胞融合，比较方便易行。在细胞融合中，M 期细胞诱导间期细胞产生染色质凝集，称为早熟凝集染色体（亦称为 PC 染色体），此种凝集现象称为早熟染色体凝集（premature chromosome condensation，PCC）。

早熟染色体凝集有以下特征。

1. 早熟凝集的间期染色质的形态与细胞融合时所处的周期时相密切相关，如 G_1 期细胞染色质是单线状；S 期呈粉末状，因 S 期正在进行 DNA 的复制，但随 S 期的向前发展，除了有粉末状染色体之处逐渐出现越来越多的成双的凝集染色质结构。正在部分复制的 DNA 高度解螺旋，故在光学显微镜下看不到，只看到未解螺旋或复制后又凝集的染色质，呈现出程度不一的粉末状。到 G_2 期时，染色体已经复制完毕，均为 2 条并在一起的染色体，边缘光滑，但较中期或早中期染色体长。

2. 无种族的屏障。低等动物和高等动物细胞之间均可融合，并诱导 PCC，如培养 HeLa M 期细胞可以诱导大、小鼠、仓鼠和多种哺乳类细胞发生 PCC 等。也可诱导蚊子细胞及许多非培养细胞（精子、精细胞）甚至植物细胞产生 PCC。

3. M 期细胞与间期细胞的比率大，则易于诱导 PCC，如 2 个 M 期细胞和一个间期细胞融合则产生 PCC 效率高，速度快。

4. PCC 染色体数目相当于被诱导的该种细胞的染色体数目。20 多年来的研究认为，M 期细胞可以诱导 PCC，是因为在 M 期细胞中存在一种诱导染色体凝集的因子——细胞促成熟因子（maturation or M-phase promoting factor，MPF）。MPF 主要由周期蛋白依赖性激酶 1（cyclin-dependent kinase1，CDK1 或 Cdk1）及周期蛋白 B（cyclinB）所组成。当 Cdk1 与 CyclinB 结合时，Cdk1 脱磷酸化，产生有活性的蛋白激酶，引起一系列的磷酸化级联反应，诱导有丝分裂的各种生化及形态、功能的出现。目前已知 H1 组蛋白和核仁 B23 蛋白为 Cdk1 激酶的底物。

早熟染色体凝集在实践中的应用也很广泛，例如，可用于细胞周期的分析，根据一定数量的 PCC 中各期 PCC 数量的比例，可知药物将细胞阻断于细胞的哪一时期。G_1 期向 S 期的发展是由凝集完全去凝集，根据凝集程度可分为 G1+1、G1+2、G1+3、G1+4、G1+5、G1+6 6 级，G+1 ～ G1+3 为早 G_1 期，G1+4 ～ G1+6 为晚 G_1 期，正常细胞多阻断于早 G_1 期，转化细胞或癌细胞多阻断于晚 G_1 期。此种特征可用于判断细胞是正常细胞还是转化细胞或癌细胞，还可用于环境中物理或化学因子对靶细胞的间期染色体的损伤。有些不再分裂的细胞的损伤可用 PCC 来判断。另外，还可用于白血病患者化疗效果及预后检测，遗传学分析，以及制备高分辨的染色体带谱等。

三、实验用品

1. 材料　人体肝癌细胞系（BEL-7402）。

2. 器材　二氧化碳培养箱、离心机、水浴锅、培养瓶、离心管、吹打管等。

3. 试剂　无血清 RPMI-1640 培养液、20% 小牛血清、0.25% 胰蛋白酶液、Hank's 液，秋水仙素（2μg/ mL）、50% PEG、2mmol/L 胸腺嘧啶核苷（thymidine）、含 0.01mmol/L 胞苷（cytidine，C 或 Cyd）。

4. 主要试剂配制

（1）50% PEG 液的配制：称取 PEG 粉末（分子量为 1000 或 600 均可），于 70℃ 水浴，融成液态，再与预热无血清的 RPMI-1640 培养液等量混合，即得 50% PEG 溶液。

（2）胸腺嘧啶核苷：配制成 50mg/mL 溶液。每个培养物 5mL 加 5 滴（5 号针头），使最终浓度为 2mmol/L。

四、实验方法和步骤

1. 细胞培养　人体肝癌细胞系，单层培养于含有 20% 小牛血清的 RPMI-1640 培养液内。细胞形态呈多边形，增长迅速，倍增时间为 20h，S 期为 10.5h。

2. 细胞同步化处理　取对数生长期但未形成茂密单层的培养细胞，给予 2mmol/L 的胸腺嘧啶核苷作用 22～24h；用 Hank's 液洗涤培养细胞后，换入含 0.01mmol/L 胞苷（Cyd）的培养液培养 4h；加入秋水仙素（终浓度为 0.012μg/mL）阻断 14h；或在细胞对数生长期时，不经同步化处理，直接加秋水仙素作用 20～24h 得到 M 期细胞。用手摇自然脱壁法，收集 M 期细胞，大约能收集到 90% 的 M 期细胞。去掉含秋水仙素的细胞培养液，加入 5mL Hanks 液，将培养瓶保持水平方向摇动 15～20 次，使生长在瓶壁表面上的已圆缩的细胞脱落于 Hanks 液内，离心，涂片，染色，观察。间期细胞采用 M 期细胞脱壁后的底层或对数生长的细胞，经胰蛋白酶消化后收集备用。

3. PCC 的诱发

（1）悬浮融合法

1）M 期细胞和间期细胞按 M：I=1：1（或 2：1）比例混合于离心管内，细胞总数为 10^6～10^7 个。

2）用无血清的 RPMI-1640 培养液洗两次，1000r/min 离心，收集细胞。

3）弃去上清液，加入 1mL 50% PEG，用吹打管轻轻吹打，使之混匀，以 37℃ 静置 1～2min。

4）随后逐渐加入无血清 RPMI-1640 培养液至 10mL，以 37℃ 继续静置 5min。

5）用无血清 RPMI-1640 培养液洗涤 3 次，充分去除 PEG。

6）去上清液，将细胞悬浮于含 10% 小牛血清的 RPMI-1640 培养液中以 37℃ 温浴 30min。

7）收获细胞按常规染色体标本方法制片。

（2）单层融合法

1）60%～70% 生长汇合的单层细胞，用秋水仙素处理（最终浓度为 0.012μg/mL），4～10h 后，倒去培养液。

2）细胞面先经无血清的 RPMI-1640 培养液洗涤 3 次。

3）吸取 50% PEG 溶液铺盖于细胞生长表面，2 ~ 5min 以后，尽量倒去 PEG 溶液。

4）用无血清 RPMI-1640 液清洗细胞生长面（2 ~ 3 次），去除 PEG。

5）用含 10% 小牛血清的 RPMI-1640 培养液以 37℃ 温浴 30 ~ 60min。

6）按常规胰酶消化法脱壁收集细胞，进行染色体制片，方法同前。

五、思考题及作业

1. 绘出你所观察到的每一种早熟凝集染色体，并加以解释。

2. PCC 有何实际意义？

实验 43　单克隆抗体的制备

一、实 验 目 的

（1）掌握单克隆抗体制备的原理。

（2）熟悉单克隆抗体制备的过程。

二、实 验 原 理

　　淋巴细胞产生抗体的克隆选择学说，即一个 B 细胞克隆只产生一种抗体。B 细胞在特定外来抗原的刺激下，每个致敏的 B 细胞可以大量增殖分化成为浆细胞，进而分泌只针对该抗原单一决定簇的抗体，这种抗体具有特异性。B 淋巴细胞产生的抗体在体外不能进行无限分裂，而骨髓瘤细胞虽然可以在体外进行无限传代，但不能产生抗体，细胞融合技术产生的杂交瘤细胞具有 2 种亲本细胞的特性。利用代谢缺陷补救机制筛选出杂交瘤细胞，并进行克隆化，制备所需要的单克隆抗体（monoclonal antibody，McAb）。

　　McAb 的制备涉及动物免疫，细胞融合，杂交瘤细胞的筛选和克隆化，McAb 的制备、鉴定、纯化等（图 8-1）。免疫动物一般选用 6 ~ 8 周龄雌性 BALB/c 小鼠，在基础免疫 3 周后，进行第二次免疫（加强免疫），3 天后取出小鼠脾脏，制备单细胞悬液。然后将免疫脾细胞和骨髓瘤细胞在 PEG 作用下进行融合。PEG 能改变细胞的生物膜结构，使 2 种细胞接触点处质膜的脂类分子发生疏散和重组，由于 2 种细胞接口处双分子层质膜的相互亲和及彼此的表面张力作用，故而使细胞发生融合，形成杂交细胞。因为 PEG 诱导的细胞融合是非特异性的，所以在细胞融合过程中除了有免疫脾细胞和骨髓瘤细胞的杂交细胞外，免疫脾细胞或骨髓瘤细胞之间也会发生融合，此外还存在未融合的免疫脾细胞和骨髓瘤细胞，因此，PEG 诱导细胞融合后，单细胞悬液变成 5 种细胞的混合体，需将杂交细胞筛选出来。

　　细胞融合后，杂交瘤细胞的选择性培养是第一次筛选的关键。普遍采用的 HAT 选择性培养液是在普通

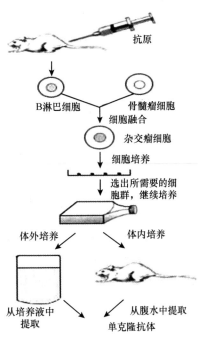

图 8-1　杂交瘤细胞法制备单克隆抗体的步骤

的动物细胞培养液中加次黄嘌呤（hypoxanthine）、氨基蝶呤（aminopterin）和胸腺嘧啶脱氧核苷（thymidine）。细胞中的 DNA 合成有主要生物合成途径（D 途径）和补救途径（S 途径）。D 途径是利用谷氨酰胺（Gln）或单磷酸尿苷酸在二氢叶酸还原酶的催化下合成 DNA，而 HAT 培养液中氨基蝶呤是一种叶酸的拮抗物，可以阻断 DNA 合成的 D 途径。S 途径是利用次黄嘌呤或胸腺嘧啶脱氧核苷在次黄嘌呤鸟嘌呤磷酸核糖转移酶（hypoxanthine-guanine phosphoribosyltransferase，HGPRT）或胸腺嘧啶核苷激酶（thymidine kinase，TK）催化次黄嘌呤或胸腺嘧啶生成 DNA，两种酶缺一不可。

因此，在 HAT 培养液中，免疫脾细胞及其相互融合物 D 途径被氨基蝶呤阻断，虽然 S 途径正常，有 HGPRT 和 TK，但因缺乏在体外培养液中增殖的能力，一般 1 周左右会死亡。对于骨髓瘤细胞及自身融合细胞而言，由于通常采用的骨髓瘤细胞经过毒物药物（8-氮鸟嘌呤或 5- 溴脱氧尿嘌呤等）诱导产生的代谢缺陷型细胞，所以细胞内缺少 TK 或 HGPRT，因此自身没有 S 途径，且 D 途径又被氨基蝶呤阻断，所以在 HAT 培养液中也不能增殖而很快死亡。只有骨髓瘤细胞与免疫脾细胞相互融合形成的杂交瘤细胞，既具有免疫脾细胞的 S 途径，又具有骨髓瘤细胞永生化且繁殖力极强的特性，因此能在 HAT 培养液中选择性存活下来，并不断增殖。

在 McAb 的生产过程中，由于免疫脾细胞特异性是不同的，经 HAT 培养液第一次筛选出的杂交瘤细胞产生的抗体差异较大，必须对杂交瘤细胞进行第二次筛选，以便得到特定抗体的杂交瘤细胞。第二次筛选通常采用有限稀释克隆细胞的方法，将杂交瘤细胞多倍稀释后接种在多孔的细胞培养板上，使每孔细胞不超过一个，培养两周后，融合的细胞繁殖形成克隆，然后用酶联免疫吸附试验（enzyme-linked immunosorbent assay，ELISA）、放射免疫试验（radioimmunoassay，RIA）或免疫荧光试验（immunofluorescence assay，IFA）等检测培养液中有无细胞分泌的抗体，将产生抗体孔的杂交瘤细胞进一步扩大培养，便可以得到能分泌 McAb 的杂交瘤细胞株。通过体外培养或者将杂交瘤细胞接种于同系小鼠或裸鼠腹腔内繁殖，即可获得大量的 McAb。

三、实验用品

1. 材料　BALB/c 小鼠、骨髓瘤细胞（Sp2/0）。

2. 器材　注射器（1mL、5mL、10mL）、0.45μm 滤膜、蛋白 A-Sepharose 4B 商品柱、离心管（10mL、50mL，灭菌后备用）、平皿、96 孔板、消毒剪刀、镊子、吸管、不锈钢网、冻存管、透析袋、酶标仪、酒精棉球、水浴锅、液氮罐、离心机、冰箱、二氧化碳培养箱等。

3. 试剂　福氏完全佐剂和福氏不完全佐剂、45% 饱和度的硫酸铵溶液、PEG 20 000、75% 乙醇、无血清 DMEM 培养液、0.1mol/L 柠檬酸缓冲液（pH 5.0，pH 3.0）、1mol/L pH 9.0 的 Tris-Hcl 缓冲液、0.05mol/L pH 7.8 的 Tris-Hcl 缓冲液（含 3mol/L NaCl）、不完全培养液、氨基蝶呤（A）储存液、DMEM 完全培养液、HAT 培养液、HT 培养液、50%PEG 溶液、胎牛血清、DMSO、降植烷（pristane）或液状石蜡、0.02% 叠氮钠、正辛酸、乙酸钠溶液（pH 4.8）、PBS（0.1mol/L，pH 7.4）、1.0mol/L NaOH 溶液、pH 7.4 饱和硫酸铵溶液、保护剂和防腐剂、次黄嘌呤和胸腺嘧啶脱氧核苷（HT）储存液、葡聚糖凝胶 G-200、冻存液。

4. 主要试剂的配制

（1）氨基蝶呤（A）储存液（100×，$4×10^{-6}$ mol/L）：称取 1.76mg 氨基蝶呤，加 90mL 三蒸水，0.5mL 1mol/L 氢氧化钠，待氨基蝶呤充分溶解后，加 0.5mL 1mol/L 盐酸使中和，定容到 100mL，过滤除菌，以 -20℃保存。

（2）次黄嘌呤和胸腺嘧啶脱氧核苷（HT）储存液（100×，H：$1×10^{-2}$ mol/L；T：$1.6×10^{-3}$mol/L）：称取 136.1mg 次黄嘌呤，38.8mg 胸腺嘧啶脱氧核苷，加 100 mL 三蒸水，放入 45℃ 左右的水浴中，完全溶解后过滤除菌，以 -20℃ 保存。

（3）DMEM 完全培养液：在 400mL 培养液中加入 100mL 胎牛血清，配制成 20% 的 DMEM 完全培养液。

（4）HAT 培养液：取 DMEM 完全培养液 100mL，加入 HT（100×）和 A 储存液（100×）各 1mL，混匀即可。

（5）HT 培养液：取 DMEM 完全培养液 100mL，加入 HT（100×）储存液 1mL。

（6）冻存液：DMEM 完全培养液 90mL，添加 10mL DMSO。

（7）饱和硫酸铵溶液：100mL 三蒸水中加入 90 g 硫酸铵固体，加热溶解，趁热过滤，降至室温后用氨水调 pH 至 7.4。

四、实验方法和步骤

1. 动物的免疫 取 6 ～ 8 周龄与骨髓瘤细胞同种系的 BALB/c 雌性小鼠，其较温顺，离窝的活动范围小，体弱，进食量及排污较小。

2. 免疫方案 选择合适的免疫方案对于细胞融合杂交的成功，获得高质量的 McAb 至关重要。一般在融合前 2 个月左右确立免疫方案开始初次免疫，免疫方案应根据抗原的特性不同而定。

（1）可溶性抗原免疫原性较弱，一般要加佐剂，半抗原应先制备免疫原，再加佐剂。常用佐剂有福氏完全佐剂、福氏不完全佐剂。

1）初次免疫抗原 10 ～ 50μg 加福氏完全佐剂皮下多点注射或脾内注射（一般 0.8 ～ 1mL，0.2mL/ 点）。

2）3 周后，第二次免疫剂量同上，加福氏不完全佐剂皮下（subcutaneous injection）或腹腔注射（intraperitoneal injection，ip）。

3）3 周后，第三次免疫剂量同步骤 1），不加佐剂，ip，5 ～ 7d 后采血测其效价。

4）2 ～ 3 周后，加强免疫，剂量 50 ～ 500μg 为宜，ip 或静脉注射（intravenous injection，iv）。

5）3 天后，取脾融合。

（2）颗粒抗原免疫性强，不加佐剂就可获得很好的免疫效果。以细胞性抗原为例，免疫时要求抗原量为（1 ～ 2）$×10^7$ 个细胞。

1）初次免疫（1 ～ 2）$×10^7$ 个 /0.5mL，ip 注射。

2）2 ～ 3 周后，免疫方案同上。

3）3 周后，加强免疫（融合前 3 天），免疫方案同上。

4）取脾融合。

3. 细胞融合

（1）制备饲养细胞层：

1）取 BALB/c 小鼠 3 ～ 4 只，颈椎脱臼法处死，浸泡在 75% 乙醇内，10 min。

2）用消毒剪刀从后腹掀起腹部皮肤，暴露腹膜，用酒精棉球擦拭腹膜消毒。

3）用注射器将 5mL 预冷的无血清 DMEM 培养液注射至腹腔，右手固定注射器，使针头留置在腹腔内，左手持酒精棉球轻轻按摩腹部 1 ～ 2min。

4）随后抽取腹腔内液体（每只小鼠可得约 4mL 的腹腔液），取出后置于 50mL 预冷离心管中。

5）1200 r/min 离心 10min，弃上清液。

6）先用 5mL HAT 培养液将沉淀细胞悬浮，根据细胞计数结果，补加 HAT 培养液，使细胞浓度为 $2×10^5$ 个 /mL。

7）将细胞悬液加入 96 孔板，100μL/ 孔，置于 37℃，5% 二氧化碳培养箱中培养备用。

（2）制备骨髓瘤细胞悬液：

1）在融合前 1 周作用将冻存在液氮中的骨髓瘤细胞（Sp2/0）复苏，培养 2 代。

2）选择生长旺盛、形态良好的细胞进行扩大培养，在细胞融合当天收集对数生长期的细胞于 50mL 离心管中，1200r/min 离心 10min，用无血清 DMEM 培养液洗 2 次，将细胞悬浮于 40 mL 无血清 DMEM 培养液中。

3）细胞计数后，取 $2×10^7$ 个细胞悬液注入 50mL 离心管中备用。

（3）制备免疫脾细胞悬液：

1）取同批 3 天前加强免疫的 BALB/c 小鼠 2 只，眼眶或腋下血管取血，分离血清供检测抗体用。颈椎脱臼法处死小鼠，浸泡于 75% 乙醇中 10min，无菌操作取出脾脏。

2）将脾脏置入盛有 5mL 无血清 DMEM 培养液的平皿中洗涤，剪去周围的结缔组织，将脾脏移入另一盛有 5mL 无血清培养液的平皿中的不锈钢网上，先用剪刀剪成 3 ～ 5 个小块，然后在注射器内芯研磨，注入平皿中。

3）将脾脏细胞悬液移至 50mL 离心管中，加不完全培养液 40mL，1200r/min 离心 5 min，弃上清液。

4）将沉淀细胞重新悬浮于 10mL 无血清培养液中，细胞计数，取 10^8 个脾细胞悬液备用。

（4）细胞融合：

1）将骨髓瘤细胞与脾细胞按 1：10 或 1：5 的比例混合在一起，在 50 mL 离心管中用无血清培养液洗 1 次，1200 r/min 离心 10 min，弃上清液，用吸管吸净残留液体，以免影响 PEG 浓度。

2）用手指轻轻弹击离心管底部，使 2 种细胞充分混匀成糊状。

3）将离心管置 37℃ 水浴锅中，加入 37℃ 预温的 1mL 50% PEG 溶液，边加边轻微摇动，水浴作用 90 s。

4）加 37℃ 预温的无血清 DMEM 培养液以终止 PEG 作用，每隔 2min 分别加入 1mL、2mL、3mL、4mL、5mL 和 6mL，补加无血清培养液至 40mL。

5）1200r/min 离心 10min。

6）弃上清液，加入 40mL 含 20% 胎牛血清的 HAT 培养液，用吸管轻轻混匀。

7）将上述细胞，加到已有饲养细胞层的 96 孔板内，每孔加 100μL。

8）将培养板置于 37℃、5% 二氧化碳培养箱中培养。

4. 杂交瘤细胞的选择培养及抗体的检测

（1）在细胞融合后第 1 天，吸出 100μL HAT 培养液，加入新鲜的 HAT 培养液，以后每隔 2～3 天换一半 HAT 培养液。在用 HAT 选择培养 2～3 天内，将有大量骨髓瘤细胞死亡，4 天后骨髓瘤细胞消失，杂交瘤细胞形成小集落。

（2）HAT 选择培养液维持 7～10 天后，改用 HT 培养液，再维持 2 周，改用 DMEM 完全培养液。在选择培养期间，一般每 2～3 天换一半培养液。

（3）在杂交瘤细胞长满孔底约 1/3 时，吸出培养孔中的上清液，开始检测特异性抗体。检测抗体的方法根据抗原、抗体类型的不同，选择不同的筛选方法，一般以快速、简便、敏感的方法为原则，常用方法有 ELISA、RIA、IFA 等。

5. 杂交瘤细胞的克隆化　单克隆是指单个细胞通过无性繁殖而得到的一群细胞，经过 ELISA 筛选出的阳性克隆即可进行克隆化，如果不进行克隆化，非抗体分泌型的杂交瘤生长速度快，将会占主导生长，最终很难分离出目标杂交瘤以至丢失。克隆化的方法很多，如有限稀释法、软琼脂平板法、单细胞显微操作法、荧光激活细胞分类法等，现将最常用的有限稀释法步骤介绍如下。

（1）克隆前 1 天制备饲养细胞层（方法同细胞融合），将细胞悬浮于 HT 培养液中，加入 96 孔板，100μL/ 孔，置于 37℃、5% 二氧化碳培养箱中培养备用。

（2）将阳性克隆的杂交瘤细胞从培养孔内轻轻吹下，用含血清的 DMEM 培养液稀释细胞悬液成 3～10 个 /mL。

（3）取准备的饲养细胞层的细胞培养板，每孔加入稀释细胞 100μL，将培养板置于 37℃、5% 二氧化碳培养箱中。

（4）在第 4～5 天更换 HT 培养液，以后每 2～3 天换液 1 次。

（5）8～9 天可见细胞克隆形成，及时检测抗体活性。

（6）选择抗体效价高、呈单个克隆生长、形态良好的细胞孔，继续再进行 1～2 次克隆和扩大培养。

6. 杂交瘤细胞的冻存和复苏

（1）杂交瘤细胞的冻存：抗体检测阳性的杂交瘤细胞及每次克隆化得到的亚克隆细胞一经建立应尽快冻存，以防细胞培养过程中污染、细胞变异、抗体能力丧失等情况的发生。因此在得到分泌特异性抗体的杂交瘤细胞后的早期，尽快冻存几批细胞于液氮中。

1）取生长旺盛、形态良好的细胞，制成细胞悬液并进行细胞计数，1200 r/min 离心 5min，弃去上清液。

2）加入 4℃ 预冷的冻存液（90% 的 DMEM 完全培养液 +10% 的 DMSO），使细胞数为约 5×10^6 个 /mL。

3）将 1 mL 细胞悬液转入 2mL 冻存管中，放于程序降温盒或装有棉花的小盒内，置于 -80℃ 超低温冰箱，24h 后将细胞转移到液氮中。

（2）杂交瘤细胞的复苏：

1）将冻存细胞从液氮中取出，迅速放于 37℃ 水浴锅中，用手摇晃冻存管使细胞快速解冻。

2）将细胞转入 15mL 无菌离心管中，加入 5mL DMEM 完全培养液，1200r/min 离心 5 min，弃去上清液，加 1 mL HT 培养液重悬细胞。

3）将细胞移入已提前 1 天制备好的饲养层细胞的培养瓶内，置于 37℃、5% 二氧化碳培养箱中，细胞每隔 2～3 天换一次液，当细胞形成集落时，检测抗体活性。

7. 单克隆抗体的大量制备　在获得分泌型特异性单克隆抗体的杂交瘤细胞克隆后，通常采用体外培养法和动物体内诱生法大量生产单克隆抗体。

（1）体外培养法：体外培养使用旋转培养管大量培养杂交瘤细胞，生产大量单克隆抗体。包括悬浮培养法和固相培养法，前者与常规的静置培养相比，增加了细胞生长空间，使单位体积内的细胞数量增多，抗体产量也增加，目前国际上上市的单克隆抗体多采用此方法；后者是单层培养和悬浮培养相结合一种培养方式，主要用于贴壁性较强的杂交瘤细胞，以小的固体颗粒作为细胞生长的载体，细胞固定在载体表面上生长，此方法单位体积内培养的细胞较普通悬浮培养的细胞数量更多，且操作监控也较简便。

（2）动物体内诱生法：将杂交瘤细胞接种于 BALB/c 小鼠腹腔内，便可诱生腹腔实体瘤和产生含单克隆抗体的腹水。常用的体内诱生的方法有实体瘤法、腹水制备法。

1）实体瘤法：对数生长期的杂交瘤细胞按（1～3）×10^7 个/mL 接种于小鼠背部皮下，每处注射 0.2mL，共 2～4 点。待肿瘤达到一定大小后（一般 10～20 天）即可采血，从血清中获得单克隆抗体的含量可达到 1～10 mg/mL，但采血量有限。

2）腹水制备法

A. 先给小鼠腹腔注射 0.5 mL pristane 或液状石蜡。

B. 随后腹腔注射 1×10^6 个杂交瘤细胞。

C. 接种细胞 7～10 天后可产生腹水，此时左手固定小鼠，用 75% 乙醇消毒腹部。

D. 将注射器针头刺入小鼠腹部，试管收集腹水，一次可获 5～8mL 腹水，间隔 2～3 天，同法再取腹水，一般可取 2～3 次。

E. 1500r/min 离心腹水，吸取上清液，加入 0.02% 的叠氮钠，分装保存于 -20℃。

8. 单克隆抗体的纯化　由于含单克隆抗体的血清、腹水等有来自宿主体内的非特异性免疫球蛋白等杂蛋白成分，为了获得成分相对单一的抗体，需要对抗体进行纯化处理。单抗纯化方法有很多种，应根据抗体的特异性和实验条件选择适宜的方法。常用的技术有正辛酸-饱和硫酸铵纯化法、亲和层析法、凝胶过滤法。

（1）正辛酸-饱和硫酸铵纯化法：正辛酸在酸性条件下可以沉淀血清或腹水中除 IgG 外的蛋白质，上清液中剩余的蛋白主要为 IgG，所以该法一般用来纯化 IgG1 和 IgG2b，不能用于 IgM、IgA 的纯化，而对 IgG3 的纯化效果亦不佳，具体操作如下。

1）取 1mL 血清或腹水，用 0.06mol/L 乙酸钠（pH 4.8）稀释 2～4 倍。

2）室温下边搅拌，边缓慢滴加正辛酸（一般按每毫升稀释前的腹水或血清加入 50μL），滴加完后继续搅拌 30min。

3）室温下 12 000r/min 离心 30min，取上清液。

4）加入体积为上清液约 1/10 的 PBS（0.1 mol/L，pH 7.4），边搅拌边加入 1.0mol/L 的 NaOH，调 pH 为 7.4。

5）边搅拌边加入等体积 pH 7.4 的饱和硫酸铵溶液，以室温静置 2h 或 4℃过夜。

6）4℃，12 000r/min 离心 30min，弃上清液。

7）将沉淀溶于适量 1×PBS（0.1mol/L，pH 7.4）中，再将其装入透析袋，用 10mmol/L 的 Tris 或 PBS（0.1mol/L，pH 7.4）透析（透析液应为抗体体积的 100 倍以上，最好搅拌），以 4℃过夜。

8）收集透析好的抗体，直接现用或加入保护剂和防腐剂长期保存（-20℃ 保存或冻干保存）。

这种方法纯化出来的抗体纯度可达 80%～90%，损失较少，对抗体的活性损失也较少，试剂成本低，但是操作比较费时。

（2）亲和层析法：亲和层析是指在柱材基质上共价连接上配体，利用配体与抗体之间的可逆性结合，在特定条件下，洗去杂蛋白，然后通过改变条件使抗体被洗脱下来。此种方法是一种高效、快速的纯化方法。常用的配体有蛋白 A、蛋白 G。蛋白 A 是金黄色葡萄球菌的胞壁蛋白，可与多种动物及人的 IgG 的 Fc 段结合，蛋白 A 层析适合 IgG 类抗体的纯化，不太适合 IgM、IgA 等抗体。蛋白 G 是 G 群链球菌的细胞壁蛋白，可以与 IgG 的 Fc 段结合，蛋白 G 由于与白蛋白有微弱的结合，因此应用上不如蛋白 A 广泛。目前蛋白 A 亲和层柱有商品化柱子，以 Pharmacia 商品柱为例，具体操作如下。

1）预处理抗体溶液（血清或腹水），并以 0.45μm 滤膜过滤。

2）用 0.05mol/L，pH 7.8 的 Tris-HCl 缓冲液（含有 3mol/L 的 NaCl）平衡蛋白 A-Sepharose 4B 商品柱。

3）加入抗体溶液 10～50 mL 进行柱层析分离。

4）以 0.05mol/L，pH 7.8 的 Tris-HCl 缓冲液（含有 3mol/L 的 NaCl）洗柱，直到平衡。

5）用 0.1mol/L，pH 5.0 的柠檬酸缓冲液洗脱蛋白，分管收集，最后用 1 mol/L，pH 9.0 的 Tris-HCl 缓冲液中和。

6）用 0.1mol/L，pH 3.0 的柠檬酸缓冲液洗柱（2～3柱体积），最后用 0.05mol/L，pH 7.8 的 Tris-HCl 缓冲液（含有 3mol/L 的 NaCl）平衡。

（3）凝胶过滤法：这是一种将样品中分子大小不同的物质通过多孔凝胶介质加以分离的方法。介质通常为具有一定交联度的交联葡聚糖凝胶（Sephadex）、聚丙烯酰胺葡聚糖凝胶（Sephacryl）、聚丙烯酰胺凝胶（Bio-Gel）、琼脂糖凝胶（Sepharose）等。交联度越大，凝胶的孔径越小，反之越大。当大小不同的分子进入凝胶柱后，大分子不进入孔内先流出，而小分子能进入凝胶颗粒的孔内，流经的线路长，后流出。

下面以 Sephadex G-200 纯化 IgM 为例，介绍一下凝胶过滤法纯化抗体的一般步骤：

1）用 45% 饱和度的硫酸铵溶液沉淀预处理的含抗体溶液，离心后弃上清液，以少量 PBS（0.1mol/L，pH7.4，体积以凝胶柱体积的 1%～5% 为宜）重悬沉淀。

2）将 Sephadex G-200 装柱，并用 PBS 平衡。

3）加样，用 PBS（0.1mol/L，pH7.4）洗脱。

4）收集 280nm 处有吸收的第一个峰，即为 IgM。

5）最终用 PEG 20 000 浓缩洗脱液，经过透析除盐后，将 IgM 浓度调节为 5～10mg/ml，分装后冻存于 -20℃。

五、思考题及作业

（1）免疫动物为什么选择 BALB /c 小鼠？

（2）杂交瘤细胞筛选的原理是什么？

（3）为什么要进行杂交瘤细胞的多次克隆化？

实验 44 体外受精技术

一、实验目的

1. 了解体外受精技术的原理与发展历史。
2. 掌握哺乳动物体外受精技术的实验方法与步骤。

二、实验原理

体外受精技术是指哺乳动物的精子和卵子在体外人工控制的环境中完成受精过程的技术。它的基本原理是在人工模拟体内环境，包括营养、温度、湿度、渗透压、气体等因素，使初级卵母细胞成熟，同时使精子获能，在体外完成受精过程，并最终发育形成新的个体。与体内受精相比，体外受精所需精子数减少，从而提高精液利用率。

体外受精的研究已有百余年历史。1878 年，德国人 Schenk 将家兔和豚鼠体内成熟的卵子与附睾精子放入子宫液中培养，观察到第二极体的排出和卵裂现象；1951 年，美籍华人学者张明觉与澳大利亚人 Austin 同时发现哺乳动物精子获能现象，从而使这一领域的研究获得突破性进展；1959 年，张明觉首次获得体外受精家兔，这标志着体外受精技术的成功建立。到了 20 世纪 80 年代，随着对胚胎需求量的加大，促进了哺乳动物体外受精的研究，在精子获能机制与获能方法方面取得了很大进展，极大地推动了体外受精技术的发展。在此期间，大鼠、小鼠、牛、绵羊、山羊、猪等体外胚胎培养相继获得了成功。英国学者 Edward 和 Steptoe 最早开展了人类体外受精和胚胎技术的研究，并于 1978 年成功培育诞生了世界第一例"试管婴儿"。目前，体外受精技术已成为一项成熟的技术，广泛应用于人类辅助生殖及动物生产，并对人及动物生殖机制研究和濒危动物保护等具有重要意义。

本实验以哺乳动物牛为例介绍体外受精技术，涉及卵母细胞的采集和成熟培养，精子的获能处理，体外受精，受精卵的体外培养与胚胎移植等技术环节。

三、实验用品

1. 材料 牛卵巢，牛细管冷冻精液。
2. 器材 超净工作台、剪刀、镊子、口吸管、二氧化碳培养箱、恒温培养箱、离心机、倒置显微镜、吸管、离心管（灭菌后备用）等。
3. 试剂 TCM-199、无菌生理盐水（添加 100JU/mL 的青霉素和硫酸链霉素）、成熟培养液、胚胎培养液、受精液 A 液、受精液 B 液、D-PBS。
4. 主要试剂的配制
（1）成熟培养液配制：TCM-199（GIBCO）+ 10mmol/L HEPES（Wako Pure Chemical Industries，Ltd）+ 3AU/mL 促卵泡素（FSH）（Sigma）+1μg/mL 雌二醇（Sigma）+ 10% 胎牛血清（FCS）。
（2）受精液配制：受精液 A 液：含有 10mmol/L 咖啡因（Sigma）的媒精用基本液（BO 液）。
受精液 B 液：含有 20mg/mL 牛血清白蛋白 BSA 和 10μg/mL 肝素的 BO 液。
（3）胚胎培养液配制：含成输卵管液（SOF 液）添加 6mg/mL 的 BSA（Sigma）+ 0.5mg/

mL 的肌醇 + 0.146mg/mL 的谷氨酰胺 + 1% MEM（non-essential amino acid solution，Sigma）+ 2% BME（amino acid solution，Sigma）。

四、实验方法和步骤

1. 卵巢的选取　从当地屠宰场采集的牛卵巢保存在 25～30℃ 的无菌生理盐水（添加 100IU/mL 的青霉素和硫酸链霉素）中，4h 内运回实验室，并用无菌生理盐水充分清洗。

2. 卵泡的获取　首先用无菌生理盐水充分清洗卵巢，然后用剪刀小心将卵泡剥离下来，尽量去干净卵泡周围的结缔组织，然后将卵泡用 D-PBS 洗净后置于成熟培养液液滴中。

3. 卵丘卵母细胞复合体（cumulus oocyte complexes，COCs）的获取　用镊子轻轻撕开卵泡，用口吸管将 COCs 转移到事先做好的成熟培养液液滴中，待进一步培养。将 COCs 分成 4 类：A 类 COCs 卵丘完整致密，有 4 层或 4 层以上卵丘细胞；B 类 COCs 卵丘较完整，有 1～3 层卵丘细胞；C 类 COCs 只有少量卵丘细胞或为裸卵；D 类 COCs 在培养前卵丘已发生扩展或已退化。选择 A 类与 B 类 COCs 进行后期培养。

4. 卵母细胞的体外成熟（IVM）　将从卵泡中获取的 COCs 用成熟培养液洗 3 遍，然后移入已平衡好的成熟培养液中。卵母细胞及胚胎的体外成熟、体外受精与体外培养均在 38.5℃、5.5% CO_2、100% 湿度的二氧化碳培养箱内进行。

5. 核成熟卵母细胞的体外受精（IVF）　体外成熟 22h 后，将牛细管冷冻精液在 37℃ 水浴箱中解冻后用受精液 A 液稀释，然后以 2000r/min 离心洗涤两次，每次 5min。洗涤后缓缓加入 200μL 受精液 A 液使精子上浮，时间为 2min，将上浮的活精子用适量的受精液 B 液稀释，使精子浓度达到 2×10^6 个 /mL。然后将培养成熟的卵母细胞移入该精子悬浮液制成的微滴中共同培养 5h。在整个实验过程中始终使用同一头公牛同一生产批号的细管冷冻精液。

6. 卵母细胞受精后的体外培养（IVC）　将受精处理后的卵母细胞用胚胎培养液反复洗涤，然后在培养箱中继续培养 9 天，培养后 48h 换液。

7. 胚胎移植　选择繁殖性能强的母牛作为受体，进行同期发情处理，按常规方法将体外受精并发育优良的胚胎植入受体母牛的子宫中，使其妊娠产仔。

五、思考题及作业

1. 简述哺乳动物体外受精技术的原理。
2. 简述哺乳动物体外受精技术的方法与步骤。
3. 简述哺乳动物体外受精技术的最新研究进展。

实验 45　显微操作技术

一、实 验 目 的

1. 掌握显微操作技术的实验方法和操作流程。
2. 熟悉显微操作技术在生物医学领域的应用。

二、实验原理

显微操作技术是指在高倍显微镜下，利用显微操作系统，对细胞或早期胚胎进行操作的一种方法。显微操作系统一般包括倒置显微镜、显微操作仪、微管和计算机。显微操作仪用以控制显微注射针和吸管（固定用微管）在显微镜视野内移动的、精确的机械装置，一般装在显微镜载物台的两侧。显微操作技术广泛应用于细胞工程、胚胎工程、干细胞技术、转基因技术和生殖医学等领域。

1. 细胞核移植和动物克隆　细胞核移植技术是利用显微操作仪将外源细胞的核移入去核卵母细胞中，经人工活化和体外培养后，再移植入代孕母体内，使其发育成为含有与供体细胞相同遗传物质的个体。根据细胞核移植对象的不同，将核移植技术分为胚胎细胞核移植、干细胞核移植、体细胞核移植。胚胎细胞核移植是将发育到后期的胚胎细胞的细胞核移植到另一个去核卵中，胚胎细胞在分化程度上远比体细胞低，因此，以胚胎细胞作为核供体进行核移植容易成功；干细胞核移植是以胚胎干细胞作为核供体进行核移植，胚胎干细胞具有发育的全能性，是克隆哺乳动物供核细胞最佳来源；体细胞核移植是以体细胞作为核供体进行核移植，如克隆绵羊"多莉"。

2. 干细胞　显微操作技术常用于干细胞研究和应用领域。分离胚胎干细胞时，可以利用显微操作系统直接从胚泡中吸出内细胞群细胞进行培养；验证干细胞的高度分化潜能及利用干细胞制备嵌合体动物时，可以利用显微操作系统吸取干细胞，注入囊胚；把外源 DNA 导入体外培养的胚胎干细胞，经筛选后获得整合稳定和表达好的转化细胞系，将这些细胞注入受体囊胚腔内，然后将受体囊胚移植到假孕动物子宫内，得到转基因动物（图 8-2）。

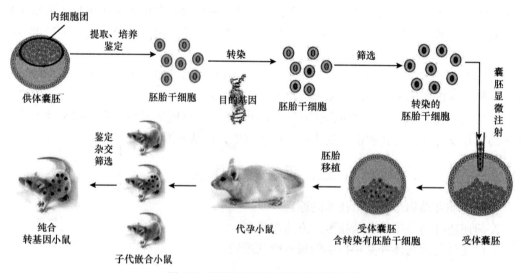

图 8-2　胚胎干细胞法制备转基因小鼠

3. 转基因动物　制备和纯化目的基因，通过显微注射仪将外源基因直接注射到受精卵的雄原核内，使外源基因整合到 DNA 中，转基因受精卵在单细胞至桑椹胚阶段移植到假妊娠雌性小鼠的输卵管中，发育成转基因动物（图 8-3）。

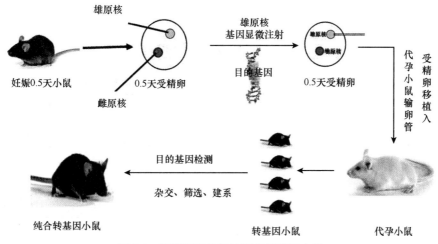

图 8-3 基因显微注射法制备转基因小鼠

4. 试管婴儿 常规试管婴儿是卵子和精子完成体外受精，然后将受精卵在体外培养所产生的胚胎移植到患者子宫内的一种辅助生殖技术，主要是针对输卵管阻塞、排卵障碍、宫颈异常等因素引起的不孕不育。针对由于男性因素造成的不孕，如严重的少、弱、畸形精子症，生精功能障碍，精子顶体异常等，可通过显微注射仪进行卵母细胞的细胞质内单精子显微注射，辅助完成体外受精。对有遗传病的患者在胚胎移植前，通过显微注射仪取出 8 细胞期胚胎的单个细胞进行遗传学诊断，帮助不孕不育的夫妇选择最健康的胚胎，可以避免将遗传病传给下一代。通过显微注射仪进行卵浆置换技术，就是把年轻的、身体健康的女性卵子中的卵浆与预生育妇女的卵子的细胞核重新组合形成一个新的卵细胞，以老化卵子的细胞核加上年轻卵子的细胞质来合成新的卵子，随后与精子完成体外受精，在进行早期胚胎发育后，植入母体子宫继续发育而诞生的婴儿，主要对年龄大、卵子质量不高的不孕不育女性非常有帮助。

5. 检测细胞黏弹性 通过显微注射系统的微管，对细胞施加负压，通过图像采集系统，记录细胞吸入微管的过程，测量细胞吸入微管内的长度，得到吸入长度随时间变化的曲线，结合标准线性固体黏弹性模型等细胞力学模型描述细胞的黏弹性。

三、实验用品

1. 材料 同步化处理的小鼠（白色）成纤维细胞，供卵母鼠（黑色）、代孕母鼠（黑色）。

2. 器材 显微操作系统、剪刀、平皿、手术器械、凹载玻片、细胞融合仪、解剖镜、超净工作台、二氧化碳培养箱等。

3. 试剂 生理盐水、PBS（pH 7.2）、0.1% 透明质酸酶培养液、0.25% 胰蛋白酶液、融合液、M16 培养液、细胞松弛素 B、75% 乙醇、矿物油。

4. 主要试剂配制

（1）PBS（pH 7.2）：取 0.2mol/L 磷酸氢二钠液 36mL，0.2mol/L 磷酸二氢钠液 14mL 和 NaCl 8.2g，加双蒸水至 1000mL。混匀待完全溶解分装，经高压灭菌后保存于 4℃ 冰箱中备用。

（2）M16 培养液：含 10% 血清。

（3）融合液：0.3mol/L 甘露醇，0.01mmol/L MgSO$_4$，0.05mmol/L MgCl$_2$，0.1mmol/L CaCl$_2$。

四、实验方法和步骤

1. 收集卵母细胞 供卵母鼠颈椎脱臼处死，75% 乙醇浸泡 5min，由腰背部横向剪开皮肤并向头部撕开，分别剪开背部两侧腹腔，在子宫角处剪短，将卵巢和输卵管移入平皿，用 PBS（pH 7.2）清洗后放入含 0.1% 透明质酸酶的培养液中，用手术器械破开膨大的输卵管壶腹，将卵丘-卵母细胞复合体团释放入 0.1% 透明质酸酶培养液，在酶的作用下分离；将分离的卵细胞用 M16 培养液清洗 3 次，在显微镜下挑选有明显第一极体的卵细胞。

2. 卵母细胞去核 将有明显第一极体的卵细胞放入含 10μg/ mL 细胞松弛素 B 的 M16 培养液中孵育 15min，移至显微操作系统；通过显微操作仪，用持卵微管在第一极体对侧负压固定细胞，去核微管在第一极体处刺破透明带，进入卵周隙，吸出第一极体及附近细胞质，吸出细胞质总量的 1/4 ~ 1/3；去核后的卵母细胞在 37℃ 二氧化碳培养箱中培养 30min 后，显微镜下观察，具有完整细胞结构、细胞质未离散的卵母细胞可确定为去核成功。

3. 核移植 将同步化处理的小鼠（白色）成纤维细胞用 0.25% 胰蛋白酶液常规消化，用 M16 培养液制成细胞悬液；微管吸取细胞悬液至凹载玻片，同时移入去核卵母细胞，覆盖矿物油，防止蒸发；通过显微操作系统，用持卵微管在去核口对侧负压固定细胞，用注核微管在液体中反复吸取供核细胞致细胞膜破损，然后将供核细胞的细胞核由去核口注入去核卵细胞的细胞质。

4. 重组胚胎融合 将重组的卵细胞放入融合液中 1 ~ 2min 后移至细胞融合仪的融合槽进行电融合，融合参数为电场强度 2.2kV/cm 持续时间 100μs 的 2 次直流脉冲，脉冲间隔为 25 ~ 30min，第一次脉冲前先施加 10V 的交流电场 5 ~ 10s。

5. 重组胚体外培养 将重组胚转入 M16 培养液，在 37℃ 二氧化碳培养箱中培养 4 天至囊胚期。

6. 重组胚移植 将重组胚移入代孕母鼠子宫中发育，饲养过程中密切观察胚胎发育情况。

五、思考题及作业

1. 简述显微操作技术的应用领域。
2. 简述显微操作技术核移植的步骤。

第三篇　设计性和创新性实验

本篇的总体设计目标是希望学生们可以以兴趣为导向，灵活运用已经学习过的细胞生物学知识与实验室现有实验条件自主设计实验方案。实验课题选定后，学生应通过文献检索和交流讨论，自主撰写完整的实验设计方案，包括实验目标、实验思路、器材用品和实验方法等。实验方案经小组讨论、任课教师审核后方可填写实验室入驻申请表，经审批后可进驻实施。设计性实验可独立完成或自由组合成小组协作完成（每组不超过 4 人），每项设计性实验需提交实验报告一份。

1. 实验目标　通过开展设计性和创新性实验调动学生开展实验研究的主动性和积极性；激发学生的创造性，培养学生的创新思维和创新意识，提高其实践应用和科研创新能力；培养学生能够运用所学的实验技能进行科学探索的能力，学生需同时掌握文献资料检索、阅读和综述的方法，并且能够对实验结果进行分析讨论和总结；培养学生的团队合作精神。

2. 实验管理

（1）学生可以从教师提供的选题中选择自己感兴趣的实验项目，也可以自主选题；对所选实验项目进行文献检索分析，了解研究背景，并撰写实验设计方案。

（2）课题单位：独立或 2～4 人一组，每人都要参与操作；实验周期以 1～4 周为宜，实验前一周要将选题及实验方案提交给实验指导教师。

（3）指导教师组织专家评审，从理论上、技术上及条件上分析实验项目的可行性，并写出评审意见。

（4）实验过程中所用药品、试剂以自己配制为主，配制量以满足需要为准，特殊需要的经费可通过申请解决。

（5）结果提交方式：实验总结报告以研究论文的方式提交，包括实验项目名称摘要（实验目的、实验方法、实验结果、结论）、实验用品（材料、器材和试剂）、结果（统计学分析）、实验结论和实验结果讨论。

（6）选择优秀的实验项目推荐参加学校、省和国家实验技能大赛和创新计划项目申报。

3. 学生要求

（1）参与实验课题的学生一定要出于对科学研究或创造发明的浓厚兴趣，发挥学生主动学习的积极性。

（2）学生是项目的主体。教师只是起指导作用，学生要自主设计实验、自主完成实验、自主管理实验。

（3）学生选题要适合。项目选题要求目标明确、具有创新性和可行性。

（4）学生要合理使用项目经费，要遵守学校财务管理制度。

（5）学生要遵守实验室安全章程。认真阅读仪器使用说明书，严格按照操作规程使用仪器，并注意保持实验室卫生。

选题一　抗肿瘤药物有关的细胞学研究

恶性肿瘤是严重威胁人类健康的常见病，肿瘤的发病机制相尚未明确，影响肿瘤发生的外源性因素包括化学因素、物理因素、致瘤性病毒、霉菌因素等；内源性因素则包括机体的免疫状态、遗传素质、激素水平及 DNA 损伤修复能力等。目前肿瘤的治疗方法主要有手术治疗、放射治疗、化学治疗（药物治疗）、中医药治疗及新兴的生物治疗（细胞因子、肿瘤疫苗）和基因治疗（将目的基因、抑癌基因导入靶细胞）。

其中抗肿瘤药物治疗应用于多种不同类型的肿瘤，目前临床应用的抗肿瘤药物主要有六类：一是抑制核酸（DNA 和 RNA）生物合成的药物，如氟尿嘧啶、阿糖胞苷、羟基脲、甲氨蝶呤、6- 巯嘌呤等；二是直接破坏 DNA 结构与功能的药物，如烷化剂、铂类制剂和抗肿瘤抗生素等；三是干扰转录过程阻止 RNA 合成的药物，如放线菌素 D、柔红霉素、阿霉素等；四是影响蛋白质合成与功能的药物，如长春碱类、紫杉醇；五是影响激素平衡的药物，如雌激素、雄激素、抗雌激素、肾上腺皮质激素等；六是抗肿瘤辅助治疗药物，如昂丹司琼、亚叶酸钙等。抗肿瘤药物较多，应用广泛，但其应用中面临的障碍主要是药物毒性反应和肿瘤细胞耐药性等。目前，抗肿瘤药正从传统的非选择性单一的细胞毒性药物向针对机制多环节作用的新型抗肿瘤药物发展。以细胞信号转导分子为靶点：包括蛋白酪氨酸激酶抑制剂、法尼基转移酶（farnesyl transferase FTase）抑制剂、促分裂原活化的蛋白激酶（MAPK）信号转导通路抑制剂、细胞周期调控剂。以新生血管为靶点：新生血管生成抑制剂。减少癌细胞脱落、黏附和基底膜降解：抗转移药等。以端粒酶为靶点：端粒酶抑制剂。针对肿瘤细胞耐药性：耐药逆转剂。促进恶性细胞向成熟分化：分化诱导剂。特异性杀伤癌细胞：（抗体或毒素）导向治疗。增强放疗和化疗疗效：肿瘤治疗增敏剂。提高或调节集体免疫功能：生物反应调节剂。针对癌基因和抑癌基因：基因治疗——导入野生型抑癌基因、自杀基因、抗耐药基因及反义寡核苷酸、肿瘤基因工程瘤菌。

围绕抗肿瘤药物的研究附设计性实验选题一组，供学习参考。抗肿瘤药物对肿瘤细胞增殖和凋亡的影响；抗肿瘤药物对肿瘤细胞迁移和侵袭的影响；抗肿瘤药物对荷瘤小鼠抗肿瘤作用的实验研究。该组设计性实验的选题中可选多种抗肿瘤药物或待测抗肿瘤活性提取物，可选不同的肿瘤细胞系作为实验材料。

（一）抗肿瘤药物对肿瘤细胞增殖及凋亡的影响

本实验选题需要熟练掌握细胞增殖与凋亡分析的基本方法，通过实际操作理解细胞增殖与凋亡在有机体正常生命活动中的作用及意义。实验设计的实验可围绕以下三个方面展开：不同药物对不同肿瘤细胞增长速率的影响；对细胞周期时相分布的影响；对细胞凋亡的形态学观察和检测。

（二）抗肿瘤药物对肿瘤细胞迁移和侵袭的影响

本实验选题的技术基础是肿瘤细胞迁移和侵袭的检测方法，并结合细胞固定和染色的方法。需要注意依据研究目标和不同抗肿瘤药物抗肿瘤作用的机制来设计实验。实验设计可通过实验对比细胞划痕法、迁移实验和细胞侵袭实验三种方法的结果，实现检测目标的分析。

（三）抗肿瘤药物对荷瘤小鼠抗肿瘤作用的实验研究

肿瘤动物模型可来自于动物的自发肿瘤、诱发肿瘤和移植性肿瘤。前两者由于对动物品系要求严格、实验周期较长或缺少实验一致性而较少使用。移植性肿瘤动物模型具有特性明确、生长一致性好、实验周期短、瘤株分布广泛、可反复复制等优点，在肿瘤研究中占有重要地位。可移植性肿瘤是把动物或人的肿瘤移植到同系、同种或异种动物，经传代后组织类型和生长特性已趋稳定并能在受体动物中继续传代。

可移植性肿瘤移植于同系或同种动物称为同种移植，是国内外最常用的肿瘤动物模型复制方法之一。同种移植的优点是可供选择使用的细胞系或细胞株多，许多细胞系在世界范围分布广泛并且这些细胞的生物学特性已经比较明确，一般都有明确的背景资料可使一群动物同时接种同样量的瘤细胞使其生长速度一致、个体差异较小、成活率高、易于对照观察，这些都是便于科研成果相互比较和交流的有利因素。本实验选题需要掌握小鼠荷瘤模型建立的方法。

本实验中除抗肿瘤药物和肿瘤细胞系可选之外，肿瘤组织切片制备完成后可根据实验研究的需要设计选择不同的抗体，进行免疫组织化学实验。

选题二　信号转导通路与肿瘤

细胞内的信号转导过程是由前后相连的生物化学反应组成的，胞外信号传递到细胞内，细胞要根据这种信息来做出相应的反应。信号传递时，通过一系列蛋白质与蛋白质相互作用，信息可从胞内一个信号分子传递到另一个信号分子，每一个信号分子都能激起下一个信号分子的产生，直至产生代谢酶被激活、基因表达被启动和细胞骨架产生变化等细胞生理效应。细胞的信号转导是多通路、多环节、多层次和高度复杂的可控过程。这些信号转导通路包括：G 蛋白偶联受体介导的信号转导通路、具有酶活性受体介导的信号通路（Ras-MAPK 信号通路、PI3K/Akt 信号通路、TGF-β/Smad 信号通路）、酶连接受体介导的信号通路（JAK-STAT 信号通路）、蛋白质水解相关的信号通路（泛素化降解介导 Wnt、Hedgehog 和核因子 kB（NF-kB）信号通路，通过蛋白切割激活 Notch 信号通路）及细胞内受体介导的信号转导通路等。它们形成复杂的信号网络，共同协调机体的生命活动。细胞信号转导通路异常会导致细胞生物学行为如细胞增殖、细胞凋亡、细胞分化等的改变，导致癌症、神经系统疾病、心血管疾病、免疫炎症等疾病的发生。信号转导通路的研究是阐明疾病发生、发展机制的重要手段，针对信号转导系统的分子靶向治疗是当今医学界的热点研究领域。对信号通路的研究涉及多种生物、医学、药学研究领域，世界各国的生物、医学科学家们一直以来都对此进行着不懈的研究。

肿瘤是一个多阶段、多基因、多步骤基因变异累积的结果，这些异常的基因所表达的蛋白有可能是与肿瘤发生发展相关的信号通路中的核心 / 关键蛋白。肿瘤中异常的信号通路，通过上游蛋白产生磷酸化、乙酰化等修饰上的改变，调控下游靶基因蛋白表达，影响肿瘤细胞增殖、凋亡或分化等异常，在肿瘤发生、发展中发挥重要的作用。信号转导通路的研究对阐明肿瘤的发生、发展至关重要。随着分子生物学技术的飞速发展，基因组学和蛋白质组学的研究方法不断进步，对肿瘤发生、浸润及转移过程中参与的基因和信号转导通路的深入研究取得了一定的进展。

在肿瘤细胞信号通路研究中经常会运用到多种技术和工具，如抑制剂 / 激活剂、抗体、细胞因子等对肿瘤细胞的处理，采用基因过表达和小干扰 RNA 技术敲低基因表达，应用免疫印迹（Western blot）和细胞免疫荧光检测肿瘤细胞中蛋白表达和定位情况，应用反转录聚合酶链反应（RT-PCR）、实时聚合酶链反应（Real-time PCR）技术检测基因的 RNA 表达情况，以免疫共沉淀（CO-IP）、牵出（Pull-down）技术检测蛋白间的互作，以及采用免疫组织化学技术对临床标本的检测分析等。利用荧光素酶报告基因实验检测转录因子与靶基因启动子区 DNA 是否存在互作，另外还有其他检测 DNA 与蛋白互作的技术，如电泳迁移率变动分析（EMSA）、CHIP。

　　本设计和创新性选题可选过表达某基因或敲低某基因的某肿瘤细胞系，针对影响该肿瘤的某一主要信号转导通路，根据实验目的，选择抑制剂／激活剂、细胞因子等细胞的刺激，设计所检测的信号转导通路的关键分子的方案和需要检测的信号通路分子及肿瘤细胞生物学行为的指标。设计实验前认真查阅相关文献和理论知识，综合设计细胞处理因素和检测指标。通过本实验，要求学生熟练掌握信号通路的相关理论知识，了解信号通路的研究思路和相关技术。

选题三　间充质干细胞的培养和应用研究

　　间充质干细胞（mesenchymal stem cells，MSC）是干细胞家族的重要成员，来源于发育早期的中胚层和外胚层，属于多能干细胞。间充质干细胞存在于多种组织（如骨髓、脐带血和脐带组织、胎盘组织、脂肪组织等），具有向多种间充质系列细胞（如成骨、成软骨及成脂肪细胞等）或非间充质系列细胞分化的潜能，并具有独特的细胞因子分泌功能。

　　因间充质干细胞具有多向分化潜能、造血支持、促进干细胞植入、免疫调控和自我复制等特点而日益受到人们的关注。如间充质干细胞在体内或体外特定的诱导条件下，可分化为脂肪、骨、软骨、肌肉、肌腱、韧带、神经、肝、心肌、内皮等多种组织细胞，连续传代培养和冷冻保存后仍具有多向分化潜能，可作为理想的种子细胞用于衰老和病变引起的组织器官损伤修复。

　　随着间充质干细胞及其相关技术的日益成熟，间充质干细胞的临床研究已经在许多国家开展。间充质干细胞已用于治疗十余种难治性疾病的研究，除了用来促进恢复造血功能以外，还用于心脑血管疾病、肝硬化、骨和肌肉衰退性疾病、脑和脊髓神经损伤、老年期痴呆及红斑狼疮和硬皮病等自身免疫性疾病的治疗研究，并且已经取得的部分临床试验结果令人鼓舞。2004 年，Le Blanc 等报道了首例半相合异基因间充质干细胞移植治疗移植物抗宿主病（graft-versus-host disease，GVHD）获得成功，其后又报道了异基因配型不合的间充质干细胞移植治疗 GVHD 的有效性，并且认为在应用间充质干细胞治疗 GVHD 不需要严格的配型，其后又有多篇异基因未经配型的 MSC 治疗 GVHD、促进造血重建的报道，其 MSC 来源涉及骨髓、脂肪、牙周等。

　　间充质干细胞最早在骨髓中发现，随后还发现存在于人体发生、发育过程的许多种组织中。目前，我们能够从骨髓、脂肪、滑膜、骨骼、肌肉、肺、肝、胰腺等组织及羊水、脐带血中分离和制备间充质干细胞，用得最多的是骨髓来源的间充质干细胞。但骨髓来源的间充质干细胞存在以下问题：随着年龄的增长，干细胞数目显著降低、增殖分化能力大幅度衰退；制备过程不容易质控；移植给异体可能引起免疫反应；取材时对患者有损伤，患者有骨髓疾病时不能采集，即使是健康供体，亦不能抽取太多的骨髓。这都限制了骨髓间充质干细胞临床应用，使得寻找骨髓以外其他可替代的间充质干细胞来源成为一个重要的问题。

　　大量研究表明，胎盘和脐带来源的间充质干细胞具有分化潜力大、增殖能力强、免疫原性低、取材方便、无道德伦理问题的限制、易于工业化制备等特征，有可能成为最具临床应用前景的多能干细胞，成为骨髓间充质干细胞的理想替代物。2006年，我国在胎盘和脐带组织中分离出间充质干细胞，这种组织来源的间充质干细胞保持了间充质干细胞的生物学特性。

围绕间充质干细胞的分离培养及诱导设计以下选题，供学习参考。骨髓间充质干细胞的分离培养及鉴定；诱导骨髓间充质干细胞向软骨细胞分化；骨髓间充质干细胞移植治疗大鼠脊髓损伤的研究。根据该组设计性选题，查阅文献，设计实验方案，查找实验方法，确定能证明实验目的的检测指标。

（一）骨髓间充质干细胞的分离培养及鉴定

本实验可以根据实验条件或实验需要选择实验动物；可以选择不同的分离方法：全骨髓贴壁法，密度梯度离心法等；根据下游实验需要选择鉴定骨髓间充质干细胞的方法：进行形态学观察，测定生长曲线，流式细胞仪鉴定骨髓间充质干细胞表面抗原表达情况等。通过本实验可以探讨分离、培养、纯化和鉴定骨髓间充质干细胞方法，并观察骨髓间充质干细胞体外生长特点。

（二）诱导骨髓间充质干细胞向软骨细胞的分化

本实验可以选择不同的诱导条件：转化生长因子β1（transforming growth factor β1，TGF-β1）、胰岛素样生长因子1（insulin-like growth factor 1，IGF-1）作为主要的诱导因子诱导骨髓间充质干细胞定向分化为软骨细胞，再进行骨髓间充质干细胞与软骨细胞在共培养；根据软骨细胞的特征选择合适的鉴定方法：进行形态学观察，甲苯胺蓝染色，检测II型胶原和聚集蛋白聚糖的表达等。

本实验还可以研究骨髓间充质干细胞向其他细胞的分化，如向神经细胞、心肌细胞、肝细胞和内皮细胞的分化。通过本实验研究特定的诱导条件下骨髓间充质干细胞向软骨细胞分化的潜能，并掌握骨髓间充质干细胞与软骨细胞的形态特征。

（三）骨髓间充质干细胞移植治疗大鼠脊髓损伤的研究

本实验首先造模：改良艾伦（Allen）法建立脊髓损伤模型；运用微量注射的方法移植骨髓间充质干细胞至损伤部位；移植治疗后观察大鼠行为学变化、脊髓的病理改变及脑源性神经营养因子（brain-derived neurotrophic factor，BDNF）和神经生长因子（nerve growth factor，NGF）表达变化。

本实验还可以研究骨髓间充质干细胞移植治疗缺血性脑损伤、创伤性脑损伤、心肌梗死大鼠损伤和糖尿病等。通过本实验可以掌握骨髓间充质干细胞移植的方法，并熟悉大鼠脊髓损伤模型的构建方法。

选题四　小鼠睾丸支持细胞分离、鉴定与功能的研究

睾丸实质主要包括曲细精管和睾丸间质两部分。在曲细精管内部，不同发育阶段的生精细胞和支持细胞共同构成生精上皮；在曲细精管外部，有管周类肌细胞和基底膜包裹。睾丸间质位于曲细精管之间，含有大量的血管、淋巴管及巨噬细胞、肥大细胞、淋巴细胞等，除此之外还有间质细胞，能够分泌睾酮。

支持细胞是曲细精管内与生精细胞相接触的体细胞，为生精细胞的分化发育提供结构上和功能上的支持。因此，支持细胞被人们称为生精细胞的"保姆细胞"。支持细胞

在精子发生过程中执行了重要的生物学功能。①支持细胞通过外质特化结构、管球复合体和桥粒 - 缝隙连接等细胞连接方式，为各级生精细胞提供支架和精子发生所需的营养物质；同时，支持细胞还可以分泌转运蛋白类与调节蛋白类物质，为精子的正常发育提供必需的物质基础。②支持细胞与生精细胞之间形成紧密连接、黏着连接、缝隙连接、桥粒连接、半桥粒等结构，构成完整的血 - 睾屏障结构，从而为生精细胞发育创建一个独特的微环境，并且保护生精细胞免受免疫损伤。③支持细胞维持了睾丸的局部免疫豁免，不仅能阻止外来抗原进入睾丸，还能防止自身抗原（生精细胞）与机体接触引起的免疫应答反应。④支持细胞参与生精细胞移位和精子排出，这个过程主要依赖于支持细胞的细胞骨架。此外，支持细胞分泌的尿激酶型纤溶酶原激活因子，在这个过程中也发挥了重要作用。⑤支持细胞能够吞噬发生凋亡的生精细胞及残余胞质，将其转化成 ATP，同时阻止凋亡生精细胞在胞外裂解而引发的炎症反应。此外，支持细胞还与周围的生精细胞、间质细胞与管周肌样细胞等发生相互作用。总之，睾丸支持细胞在精子发生过程中发挥着极其重要的作用。深入解析支持细胞的生理功能，对于男性不育症的诊断、治疗及新一代避孕药物的开发具有重要的研究意义。

本实验围绕睾丸支持细胞的分离培养、鉴定和功能进行选题，供学习参考。根据以上设计性选题，查阅文献，设计实验方案，查找实验方法，确定能证明实验目的的检测指标。

（一）小鼠睾丸支持细胞的分离培养和鉴定

本实验采用小鼠睾丸组织，通过查阅文献获取支持细胞分离培养方法，并在此基础上进行改进，通过调整消化酶等技术环节优化实验方案，以期进一步简化操作步骤，提高了支持细胞成活率；从细胞形态、细胞特异性蛋白的表达等方面着手对支持细胞进行鉴定。本实验旨在探讨睾丸支持细胞的分离培养和鉴定的方法，并观察支持细胞的体外生长状态。

（二）FSH 对支持细胞增殖的影响

支持细胞位于曲精细管中，构成了精子发生的微环境。许多激素和生长因子都参与了支持细胞的增殖调控，其中 FSH 是重要的调控因素之一。本实验应用不同浓度的 FSH 处理支持细胞，然后在不同时间点利用 CCK8 检测支持细胞增殖，并用 real-time PCR 及 Western blot 检测 Wnt/β-catenin、PI3K-Akt 等通路相关基因表达。本实验自主选择 FSH 作用浓度、作用时间及增殖相关信号通路，旨在探讨 FSH 对支持细胞增殖的影响及相关的作用机制。

（三）支持细胞对间质细胞的调控研究

间质细胞是构成睾丸的另一主要细胞，其主要功能是合成睾酮。研究表明支持细胞通过自分泌或旁分泌等方式调控间质细胞的睾酮分泌。本实验通过是否添加支持细胞来共培养间质细胞，设计实验研究支持细胞对间质细胞睾酮分泌的影响，同时检测促黄体素释放素（LHRH）、TGF、IGF、EGF 与成纤维细胞生长因子（FGF）等的分泌，分析支持细胞分泌的生长因子与间质细胞睾酮合成的关系。本实验旨在探讨支持细胞对间质细胞功能调控的相关机制。

选题五 滋养层细胞培养及其行为的研究

胎盘是妊娠过程中形成的临时内分泌器官，也是血液循环器官，它由来源于胚胎和母体的组织共同组成，对维持和保护胎儿的正常发育至关重要。它不仅是母胎间营养物质、气体及代谢废物的交换场所，还可以产生多种维持妊娠的激素，成为临时的重要的内分泌器官。滋养层细胞是组成胎盘的主要细胞类型，是胎盘物质交换和激素分泌的主要执行者；滋养层细胞行为和功能调控的紊乱可以导致多种妊娠相关疾病，如宫内生长延迟、葡萄胎及先兆子痫等。

在妊娠早期，胎盘绒毛上皮层的细胞滋养层细胞融合形成多核的合体细胞滋养层细胞。这类滋养层细胞是直接与母体血液接触的一类滋养层细胞亚群。单核的细胞滋养层细胞浸润到子宫肌层上三分之一的深度而形成了子宫蜕膜侧壁组织的表面，而合体细胞滋养层细胞的浸润能力很弱。衰老的合体滋养层细胞发生凋亡，继而从合体芽分离并脱落进入母体血管，形成合体结节。因此，正常胎盘形成的第一步是细胞滋养层细胞对母体的浸润。为了完成这一过程，滋养层细胞需要首先识别不同的细胞膜成分和细胞外基质。在识别之后，滋养层细胞通过自身释放基质金属蛋白酶的作用降解细胞外基质。而子宫内膜也相应地修饰其细胞外基质成分，并释放转化生长因子 TGF-β 和基质金属蛋白酶等的生理性抑制 TIMP 控制这一浸润过程。而在绒毛外的细胞滋养层细胞可浸润到胎盘床和母体的螺旋动脉。成功的妊娠需要母体的螺旋动脉丢失动脉肌收缩介质，被纤维蛋白样的介质取而代之；并且在这一过程中需要上皮来源的滋养层细胞获得内皮细胞的特性；小孔、高抗性的血管转化成为大孔、低抗性的血管，以适应在胎盘不断长大的过程中母体对胎盘血流灌注量的不断升高。在母胎建立血管网络连接的这一过程被命名为假血管形成或者血管改造。在这一过程中需要许多因子的参与，包括血管内皮生长因子（VEGF）、胎盘生长因子（PIGF）及其相应的受体等。

围绕滋养层细胞的分离培养鉴定、诱导分化和典型细胞行为进行选题，供学习参考。滋养层细胞的分离培养及鉴定；滋养层细胞合体化研究；滋养层细胞行为研究。根据该组设计性选题，查阅文献，设计实验方案，查找实验方法，确定能证明实验目的的检测指标。

（一）人早孕绒毛滋养层细胞的原代培养及鉴定

本实验采用人早孕绒毛组织；可以选择不同的分离方法，如组织块培养法和酶消化法、密度梯度离心法等；根据下游实验需要选择鉴定骨滋养层细胞的方法进行形态学和细胞贴壁观察，测定细胞生长曲线和细胞活力，利用免疫细胞化学方法检测滋养层细胞表面抗原细胞角蛋白 7（Cytokeratin 7）表达情况等。本实验旨在探讨原代分离、纯化和鉴定滋养层细胞的方法，并观察滋养层细胞的体外生长特征。

（二）细胞滋养层细胞诱导合体化

本实验可以选择不同的诱导条件：表皮生长因子（epidermal growth factor，EGF）、集落刺激因子（colony stimulating factor，CSF）、白血病抑制因子（Leukemia inhibitory factor，LIF）、转化生长因子 α（transforming growth factor α，TGF-α）、人绒毛膜促性腺激素（human chorionic gonadotropin，HCG）等合体化诱导因子，诱导滋养层细胞向合体滋养层细胞分化。根据合体滋养层细胞的特征选择合适的鉴定方法：进行形态学观察，检测 HCG 和人胎盘催乳素（human placental lactogen，HPL）等合体化标志分子的表达等。

本实验还可以研究通过抑制 MAPK 和 p38 等相关的信号通路，研究不同信号通路在滋养层细胞合体化中的作用地位。本实验旨在探讨不同因子滋养层细胞合体化的诱导作用，并掌握合体滋养层细胞的形态特征。

（三）滋养层细胞浸润行为的调控研究

本实验选用肿瘤坏死因子（tumor necrosis factor α，TNFα）、转化生长因子β1（transforming growth factor β1，TGF-β1）或氯化钴（CoCl$_2$）等刺激因子，设计实验对比 MTT 法和细胞浸润实验的结果，实现检测目标的分析。通过本实验掌握检测滋养层细胞增殖和浸润研究的方法及其原理，并熟悉不同刺激因子调控滋养层细胞浸润的研究思路。

选题六 力学刺激对细胞生物学功能的影响

人体各组织、器官及其内部的细胞始终处在不同的力学环境（刺激）中，如运动系统，骨骼、软骨组织承受的压力和冲击力，肌肉组织的拉力；心血管系统，心肌的收缩、血管受到的剪切力；呼吸系统，肺的扩张与收缩使肺部组织和细胞受力；皮肤张力等。力学刺激能够影响细胞的增殖、凋亡、分化、胞外基质合成、蛋白酶的合成、生长因子的表达等，并通过影响细胞的生长、代谢，从而影响有机体器官、组织的生长和发育。

力学生物学是研究力学环境（刺激）对生物体健康、疾病或损伤的影响，研究生物体的力学信号感受和响应机制，阐明机体的力学过程与生物学过程（生长、重建、修复等）之间的相互关系，从而发展有疗效的或有诊断意义的新技术。

本设计性实验可选不同组织器官的细胞，根据细胞在体的受力情况，选择力学刺激类型，设计力学刺激方案和需要检测细胞的生物学功能。设计实验时需查阅相关文献和理论知识，综合考虑设计力学加载方案和检测指标，实验设计方案应充分考虑可行性和临床意义。

本设计性和创新性选题旨在培养学生自主设计实验方案的能力并熟悉力学生物学的研究思路。

选题七 细胞相互作用的研究

细胞生物学研究从对各种刺激、信号等对细胞行为、功能的调控作用开始，逐步发展到对两种甚至多种细胞相互作用的观察和研究，因此建立体外细胞 - 细胞相互作用模型成为细胞生物学发展的迫切需要。随着人们的研究，逐步开发和建立了各种各样的细胞相互作用模型和技术手段，其中，体外细胞共培养技术是研究细胞 - 细胞相互作用的常用手段。

体外细胞共培养：是将两种细胞（可以来自同一种组织，也可以来自不同的组织）混合共同培养，从而使其中一种细胞的形态和功能稳定表达，并维持较长时间。该技术能模拟体内生成的微环境，便于更好地观察细胞与细胞、细胞与培养环境之间的相互作用及探讨药物的作用机制和可能作用的靶点，填补单层细胞培养和整体动物实验之间的鸿沟。

常用细胞共培养方法分为直接接触式共培养和非直接接触式共培养。直接接触式共培养指在合适的条件下，将两种细胞按照一定比例在同一培养皿中共同培养。利用两种细胞或组织接触，通过旁分泌、自分泌的细胞因子或直接接触等相互作用方式。当研究共培养体系中一者对另一者的影响是通过旁分泌的细胞因子相互作用，但两者不接触时，多采用非直接接触式共培养。包括如下 3 种方法：①用一种细胞的培养上清液（含有不同生长因子）与另外一种细胞共培养；②将玻片上（经过 I 型胶原凝胶预处理）培养的细胞 B，以一定的比例放入细胞 A 的培养皿中与其共培养；③ Millicell 插入式细胞培养皿（Transwell 小室）通过这些模型，可以研究细胞 B 分泌或代谢产生的物质对细胞 A 的影响。

在肿瘤生长过程中，实体肿瘤生长到一定程度后，其进一步生长就会依赖新生血管的形成。在此之前，肿瘤细胞本身已经释放了大量的促血管新生因子诱导肿瘤血管新生。这些新生血管是肿瘤和外界进行物质交换的基础，血管新生与恶性肿瘤的发展、侵袭和转移密切相关。因此，研究肿瘤细胞对血管发生影响显得非常必要和迫切。利用体外细胞共培养模型技术，通过收集的肿瘤细胞条件培养基处理血管内皮细胞，研究肿瘤分泌物对血管内皮细胞形态、功能的影响及相关机制，为抗肿瘤新药的研发提供重要技术支持。通过本实验掌握细胞培养与无菌操作技术，并熟悉细胞相互作用研究的一般模型与方法。

选题八　自然杀伤细胞对白血病细胞的增殖抑制

肿瘤的免疫治疗是自然科学领域近年最大的成就之一。随着 2018 年诺贝尔奖颁给免疫治疗领域的美国的詹姆斯·艾利森（James Allison）与日本的本庶佑（Tasuku Honjo），免疫治疗当之无愧地成为最具临床应用潜力的研究。目前肿瘤免疫治疗主要分两种：一种是针对免疫检验点的抗体；另一种是表达嵌合抗原受体的自体 T 细胞疗法。

免疫检验点抗体是通过激活病人自身免疫系统中的 T 细胞来消灭肿瘤细胞。CTLA-4 单抗易普利姆玛（Ipilimumab）是最初被批准上市的免疫检验点抑制剂。该抗体由 Medarex 公司发现，授权百时美施贵宝（BMS）开发，在恶性黑色素肿瘤患者上取得显著生存获益，于 2011 年在美国批准上市。另一个 CTLA-4 单抗（tremelimumab）也是由 Medarex 公司发现，经辉瑞开发，又转让给阿斯利康继续开发。针对程序性死亡 [蛋白]-1（PD-1）和程序性死亡 [蛋白] 配体 -1（PD-L1）的单抗有多家公司开发，竞争十分激烈。目前已进入市场甚至是中国市场的单抗主要是，美国默沙东公司的抗肿瘤药物 PD-1 抑制剂药物可瑞达（Keytruda）帕博利珠单抗，俗称"K 药"；百时美施贵宝的 PD-1 抑制剂纳武单抗（Opdivo），俗称"O 药"。其他针对 OX40、4-1BB 的多个单抗在早期开发中。

嵌合抗原受体（CAR）是一种个性化的、运用病人自体 T 细胞的个性化治疗方法，其临床试验由几个美国研究机构主导。试验结果显示，CAR 对其他治疗方法无效的淋巴癌患者有效，部分病人血液肿瘤在几天内溶解消失。

肿瘤免疫疗法的另外一个具有巨大潜力的领域是自然杀伤（natural killer，NK）细胞在肿瘤治疗上的应用。NK 细胞属于天然免疫反应的重要组成部分，最大的特点是较少免疫排斥反应，可用于异体使用。NK 细胞还能同 CAR 结合，形成 CAR-NK 细胞，在某些肿瘤的治疗方面具有重要应用价值。除了天然的 NK 细胞，还有 NK 细胞系可以利用。目前有多达 6 种 NK 细胞系，其中进入临床试验的是 NK-92 细胞系。

急性髓系白血病（acute myelocytic leukemia，AML）是成年人最常见的急性白血病，属于骨髓白细胞异常增殖的血液系统恶性疾患，其特点是骨髓内白血病性异常细胞的快速增殖，从而影响了正常血细胞的产生。我国 AML 的年发病率是 1.62/100000，近年来有增加的趋势，其死亡率也呈逐年升高的趋势。目前的研究表明免疫治疗对 AML 的作用效果不明显，最近的发现表明 NK 细胞可能用于 AML 的治疗。

围绕 NK 细胞的分离培养扩繁及杀伤 AML 选题，供学习参考。内容包括人外周血

NK 细胞的分离与扩增；人 NK 细胞系的培养与肿瘤灭活；NK 细胞和细胞系杀伤 AML 的流式细胞术检测。根据该组设计性选题，查阅文献，设计实验方案，查找实验方法，确定能证明实验目的的检测指标。

（一）人外周血 NK 细胞的分离与扩增及鉴定

本实验可以根据实验条件选择健康人外周血，或者 AML 患者（可能含有较高的 NK 细胞）；可以选择不同的分离方法：磁激活细胞分选法（MACS）美天尼磁珠分选，或者流式细胞术分选。可以采用白 [细胞] 介素 -2（IL-2）等诱导分化。根据 CD56 等的表达（流式细胞术）来鉴定 NK 细胞扩增情况。通过本实验探讨分离、培养、扩增和鉴定 NK 细胞方法，并观察 NK 细胞生长特征。

（二）人 NK 细胞系的培养与肿瘤灭活

参考 DSMZ 的培养条件，体外培养人 NK-92 细胞系（https://www. dsmz. de /catalogues/ catalogue-human-and-animal-cell-lines.html#searchResult），需要添加 IL-2。NK-92 属于肿瘤来源的细胞，若想应用于肿瘤治疗，需要放射性照射失活。本实验可在掌握 NK-92 细胞系体外培养方法的同时，掌握 NK-92 细胞系的形态特征和生长特点。

（三）人 NK 细胞和 NK-92 细胞系对白血病细胞的杀伤

本实验主要采用人 NK 细胞或者 NK-92 细胞系同白血病细胞如 HL-60，K562 等共培养以检测白血病细胞被 NK 细胞或者 NK-92 细胞系杀伤的研究。细胞混合后若要检测白血病细胞被杀伤的效果，可以采用经典的铬 52 放射性释放检测实验或者流式细胞术对 NK 细胞和白血病分别标记，流式细胞仪检测白血病细胞的增殖情况。通过本实验掌握 NK 细胞和白血病细胞共培养的方法，并熟悉 NK 细胞和白血病细胞标记及流式细胞术检测的方法。

选题九　星形胶质细胞的原代培养及应用研究

星形胶质细胞是哺乳动物脑内分布最广泛的一类细胞，细胞呈星形、核圆形或卵圆形，染色比较浅，是所有胶质细胞中体积最大的一种，它的数量是神经元的十倍。星形胶质细胞与神经元一样有突起，但无树突和轴突之分，与神经元不同的是星形胶质细胞可终身具有分裂增殖的能力。

星形胶质细胞的突起形成的血管周足是组成血脑屏障的重要部分，通过与神经元之间复杂的相互作用来维持神经系统内环境的稳定。细胞可通过血管周足和突起连接毛细血管与神经元，并合成和分泌多重生物活性物质及多种神经营养因子，在神经元营养物质的输送和代谢产物的排除过程中具有重要作用。此外星形胶质细胞能够通过自身代谢活动的调节，控制神经递质转运水平、平衡细胞内外钾离子浓度，从而影响神经元细胞放电的阈值，并且能够释放促进突触形成和修剪的分子，调控神经元的生理活性。近年的研究表明星形胶质细胞可以通过对神经元突触形成、消除及功能的调控，影响大脑的学习和记忆能力。

星形胶质细胞与脑部疾病联系紧密。例如，星形胶质细胞在阿尔茨海默病（AD）病程发生和发展过程中发挥着重要的作用。AD 患者大脑中，激活的星形胶质细胞主要集中

在 β- 淀粉样斑块附近区域，β 淀粉样蛋白（Aβ）沉积可以激活周围环境中的星形胶质细胞，进而产生一系列神经炎症反应。激活的星形胶质细胞一方面可以帮助大脑清除神经元周围沉积的 Aβ，另一方面也会分泌大量的炎症相关因子，促炎性细胞因子，包括白细胞介素 -1（IL-1）、白细胞介素 -6（IL-6）、IFNγ 和 TNF-α 等。大脑微环境中促炎性细胞因子含量的升高会促使神经元产生活性氧自由基，从而引起神经元损伤、变性甚至凋亡。星形胶质细胞是中枢神经系统中谷氨酸摄取和调节的主要细胞，对于谷氨酸平衡的保持发挥重要作用，激活后的星形胶质细胞对谷氨酸的摄取和转运产生变化，影响神经元的状态与功能。

鉴于星形胶质细胞在大脑中的重要作用，以星形胶质细胞为模型设计实验选题，可以研究星形胶质细胞在病理状态下的具体生物学功能和作用机制，有助于对疾病的理解和研究。

（一）星形胶质细胞的分离培养和鉴定

本实验主要选取初生小鼠为实验材料，从初生小鼠大脑中用胰酶解离法分离星形胶质细胞，并选取基质包被的培养皿和 DMEM 培养基为培养条件，对星形胶质细胞进行分离和培养。通过免疫荧光染色等技术，使用星形胶质细胞特异性抗体进行染色鉴定。本实验旨在探讨分离、培养、纯化和鉴定星形胶质细胞的方法、观察星形胶质细胞体外培养条件下的形态特征，并通过本实验熟悉星形胶质细胞的特征性蛋白及其功能。

（二）星形胶质细胞与神经炎症反应

本实验设计可以选择不同的诱导因子，包括 IL-1、IL-6、IFNγ 和 TNF-α 等，用于诱导星形胶质细胞的活化。通过实时定量 PCR 或者 Western blot 等方法鉴定星形胶质细胞激活的状态，并通过形态学观察检测激活的星形胶质细胞在细胞形态上的变化。本实验可探讨炎性因子对星形胶质细胞的作用和影响，并掌握星形胶质细胞激活的形态特征和分子生物学特征。

（三）星形胶质细胞与 AD 模型

本设计性实验首先需要建立 AD 细胞模型，以体外培养的星形胶质细胞为基础，通过外源添加 Aβ 的方法，模拟 AD 患者大脑的微环境。可以研究在 AD 状态下，星形胶质细胞形态学与生理状态的变化，并与神经炎症条件下的星形胶质细胞状态作比较，研究神经炎症与 AD 的关系。本实验旨在掌握 AD 细胞模型建立的方法，并熟悉 AD 状态下星形胶质细胞的形态特征和分子生物学特征变化。

选题十　疾病的细胞模型建立

为阐明人类疾病的发生机制或建立治疗方案，在进行相关科研实验时，可以通过人为诱导的方法建立疾病的细胞模型，使体外培养的细胞反映某种人类疾病发生时细胞代谢、生理、生化、形态等方面的变化，有助于缩短研究周期、增加方法学上的可比性、简化实验方法、了解疾病的本质等。围绕疾病的细胞模型建立本设计性实验附如下选题，供学习参考。本设计性实验选题可根据科研需要建立相关疾病的细胞模型，开展后续疾病的发生机制或建立治疗方案的研究，也可查阅文献资料自行设计感兴趣的疾病细胞模型。

（一）细胞衰老模型的建立

细胞衰老指细胞在执行生命活动过程中，细胞增殖能力、分化能力及生理功能逐渐发生衰老的变化过程。细胞衰老在形态学上表现为细胞结构的退行性改变，如核膜内折，染色质固相化；细胞膜脆性增加、选择性通透能力下降，膜受体种类、数目等发生变化；内质网弥散性地分散于核周胞质中，蛋白质合成量减少；脂褐素在细胞内堆积，多种细胞器和细胞内结构发生改变。细胞衰老在生理学上的表现为功能衰退与代谢低下，如细胞周期停滞，细胞复制能力丧失，对促有丝分裂刺激的反应性减弱，对促凋亡因素的反应性改变；细胞内酶活性中心被氧化，酶活性降低，蛋白质合成下降等。

细胞衰老的机制包括以下几类：氧化损伤学说认为细胞衰老是细胞生命活动中产生的自由基和活性氧对细胞损伤的积累；端粒学说提出细胞染色体端粒缩短的衰老生物钟理论，认为细胞染色体末端特殊结构 - 端粒的长度决定了细胞的寿命；DNA 损伤衰老学说认为细胞衰老由于 DNA 损伤积累；基因衰老学说认为细胞衰老受衰老相关基因的调控；分子交联学说则认为生物大分子之间形成交联导致细胞衰老；此外也有学者认为，脂褐素蓄积、糖基化反应及细胞在蛋白质合成中错误折叠等因素导致细胞衰老。

体外细胞水平的衰老称为压力诱导的早衰性衰老（stress-induced premature senescence，SIPS），诱导方式有 H_2O_2、高糖、辐射、特定药物（丝裂霉素 C、血管紧张素 II、阿霉素、谷氨酸）诱导等。

1. H_2O_2 诱导　H_2O_2 诱导的方法有两种：急性高浓度短时间给药和慢性低浓度长时间给药，但是两种方法直接得到的细胞衰老比例不理想，误差较大。而 H_2O_2 给药后连续培养若干天后可以使衰老比例大大增加，例如，H_2O_2 给药 20 天后，可以得到比例高达 75% 的衰老小鼠胚胎成纤维细胞（NIH-3T3）模型。

2. 辐射诱导　采用 10Gy 的电离辐射，可以得到衰老的人脐静脉内皮细胞（HUVEC）和衰老的脂肪细胞。10Gy 电离辐射的方法在多篇文献中都有报道，是公认的较为合理的辐射剂量。另外通过紫外线 B[段]（UVB）（照射 4 次，每次 2 min，间隔 12 h）处理小鼠皮肤成纤维细胞可以得到皮肤光老化的衰老细胞模型。

3. 高糖诱导　脂多糖诱导永生细胞衰老早衰，发现细胞内 P53 激活，检测 ROS 含量显著升高；高糖诱导小鼠海马神经元细胞 HT22 的细胞衰老和凋亡，并呈浓度依赖性效应；利用高糖诱导内皮细胞模拟糖尿病相关的微血管疾病，得到二甲双胍缓解衰老的作用机制；饱和脂肪酸联合使用葡萄糖可显著增加内皮细胞的衰老程度。

4. 其他药物诱导　丝裂霉素 C 处理小鼠 NIH-3T3 细胞，可使细胞体积增大，β-半乳糖苷酶染色阳性细胞明显增多，并伴随衰老相关分泌表型（senescence-associated secretory phenotype，SASP）的出现，如 IL-6、TNF-α、IL-1α 和 IL-1β 等常见 SASP 基因的 mRNA 表达水平显著上调。

血管紧张素 II 处理 PC12 细胞可诱导神经细胞衰老，应用该模型可筛选能够缓解该细胞模型衰老的药物。

此外，高浓度谷氨酸可诱导小鼠海马神经元细胞系 HT22 细胞发生氧化应激和细胞凋亡，因此 HT22 细胞是研究神经元氧化损伤的良好细胞模型。

细胞经以上压力诱导后，可通过细胞增殖、存活、细胞周期、β- 半乳糖苷酶活性、衰老相关因子及活性氧释放量等方法检测细胞衰老程度。

通过本实验掌握常用的细胞衰老模型的建立方法，并培养自主设计抗衰老实验方案的能力。

（二）细胞损伤模型的建立

细胞损伤是指细胞因外部或内部环境变化而发生的生理功能改变，这些环境因素包括物理、化学、传染、生物、营养或免疫因素。细胞损伤分为可逆性改变与不可逆性改变两类。可逆性改变包括细胞水肿、脂肪变、玻璃样变、黏液样变、病理性色素沉着等，在此状态下，细胞通过相应反应机制来恢复体内平衡。不可逆性改变即细胞死亡，其基本病变为核固缩、核碎裂、核溶解，在此状态下，细胞损伤的严重程度大大超过细胞自身修复的能力，细胞死亡就会发生。此外，细胞死亡与暴露在有害刺激下的时间长短和所造成的损伤的严重程度有关。

细胞损伤模型是研究相应疾病的重要工具。例如，肝细胞损伤是肝病的共同病理基础，是不同肝病的共同表现。肝病中的病毒性肝炎、药物性肝炎、非酒精性脂肪性肝炎、自身免疫性肝病等均能造成肝细胞损伤。本实验应用不同浓度的四氯化碳（CCl_4）或脂多糖（LPS）处理小鼠肝细胞，作用不同时间后，检测培养液上清液中的谷草转氨酶（GOT）及肝细胞的丙二醛（malondialdehyole，MDA）含量和谷胱甘肽过氧化物酶（GSH-Px）活性；应用 MTT 法检测肝细胞数量；同时显微镜下观察肝细胞形态变化。

根据检测结果制备肝细胞损伤的量效和时效曲线，选择最适损伤浓度和损伤时间制备肝细胞的损伤模型。本实验需掌握肝细胞损伤模型构建的方法，可为肝损伤及保肝机制研究奠定基础。

（三）胰岛素抵抗细胞模型的建立

糖尿病是一组以高血糖为特征的代谢性疾病，分为 1 型糖尿病、2 型糖尿病、妊娠糖尿病及继发性糖尿病，其中 2 型糖尿病是最常见的糖尿病类型。在 2 型糖尿病中，高血糖症是由于胰岛素分泌不足及人体无法对胰岛素进行充分反应而导致的，定义为胰岛素抵抗（insulin resistance，IR）。胰岛素对葡萄糖的敏感性持续降低，导致胰岛素抵抗和胰岛 B 细胞功能紊乱，而 B 细胞功能紊乱直接导致了胰岛素分泌相对不足，最终又引发和加剧胰岛素抵抗。细胞表面的胰岛素受体数量减少、胰岛素与受体结合后表达缺陷是胰岛素抵抗的主要表现。

目前，对胰岛素抵抗的研究中，模型建立仍以动物为主，胰岛素抵抗细胞模型构建相比动物实验有便捷和节约的优势。机体内对胰岛素敏感的主要作用部位是肝脏、脂肪和骨骼肌，常见的胰岛素抵抗细胞模型构建的来源多是以上 3 种组织的细胞。

1. 肝胰岛素抵抗细胞模型　HepG2 细胞是一种源于人的肝胚胎瘤细胞，表型与肝细胞极为相似。在高浓度胰岛素作用下，HepG2 细胞表面胰岛素受体数目下降，且下降程度与胰岛素浓度及作用时间呈正相关。HepG2 细胞可作为研究胰岛素抵抗发病机制和降糖物质作用机制的理想细胞。

高胰岛素培养法可以建立 HepG2 细胞胰岛素抵抗模型，具有建模周期短、价格低、易于重复、可控性强的优点。用不同浓度的胰岛素对 HepG2 细胞进行诱导后进行不同作用时间的筛选，观察细胞开始对葡萄糖的摄取和利用产生障碍的作用浓度和时间点，确定产生胰岛素抵抗的最适诱导条件。可自行查阅文献，使用高糖、高胰岛素法进行比较研究。

2. 前脂肪细胞胰岛素抵抗细胞模型　3T3-L1 前脂肪细胞是具有脂肪细胞分化潜力的细胞株，在体外诱导后可分化为成熟的脂肪细胞，表达胰岛素受体等多种基因蛋白，是胰岛素抵抗的理想细胞模型。可利用高糖、高胰岛素的环境培养 3T3-L1 前脂肪细胞 24h，以建立 3T3-L1 脂肪胰岛素抵抗细胞，也可用适量软脂酸作用 3T3-L1 前脂肪细胞 24h 后检测胰岛素刺激的葡萄糖转运抑制率。

3. 骨骼肌胰岛素抵抗细胞模型　引发骨骼肌细胞胰岛素抵抗的重要原因是游离脂肪酸的蓄积，因此利用棕榈酸诱导骨骼肌细胞胰岛素抵抗是常见的一种造模方法。用不同浓度的棕榈酸作用 8～36h 后，检测实验中细胞上清液中葡萄糖含量，与对照组相比显著升高，说明胰岛素抵抗模型建立成功。高脂或高胰岛素条件下都可以诱导出原代骨骼肌细胞胰岛素抵抗模型，可与棕榈酸诱导细胞的抗性模型在建模条件和效率上加以对比。

（四）巨噬泡沫细胞模型的建立

动脉粥样硬化（atherosclerosis，AS）是冠心病、脑梗死、外周血管病等心血管疾病的主要原因。近年，我国心血管疾病呈爆发式增加，明晰心血管疾病的病因、病理，遏制其发生、发展已成为医学、生物学研究所面临的重要任务。已有研究表明平滑肌细胞、内皮细胞、白细胞和巨噬泡沫细胞的炎症反应是动脉粥样硬化始发因素及发展因素。巨噬泡沫细胞模型常用于动脉粥样硬化分子机制研究。

根据本实验选题查阅文献，设计可行的实验方案。可以选用不同组织的巨噬细胞或细胞系，如小鼠腹腔巨噬细胞、小鼠骨髓巨噬细胞及 RAW264.7 细胞株；通过不同浓度的氧化型低密度脂蛋白（ox-LDL）诱导巨噬细胞分化为泡沫化细胞，并创新性地研究影响 ox-LDL 诱导巨噬细胞分化为泡沫化细胞的因素；鉴定巨噬泡沫细胞（油红 O 染色后进行形态特征鉴定）测定细胞内脂质含量。本实验需对实验结果进行分析，得出科学性的结论，旨在培养学生自主学习的能力，掌握巨噬泡沫细胞模型建立的方法，并进一步探讨影响巨噬细胞泡沫化的因素。

（五）AD 细胞疾病模型的建立

AD 是一种慢性神经退行性疾病，通常发病缓慢并随着时间的推移逐渐恶化，是老年人最常见的大脑异常变化的疾病。AD 是多因素作用的复杂病变，其发病机制依然未知。临床上 Aβ 的大量聚集沉积是 AD 的主要病理标志之一，同时伴随着神经炎症的产生，以及星形胶质细胞和小胶质细胞的大量激活。所以，可以通过对体外培养的神经元细胞使用外源 Aβ 进行处理，来模拟 AD 的发病状态。

本实验首先要建立小鼠脑皮层神经元的体外培养体系。神经元的培养一般选取无血清的培养液系统，同时培养皿要进行一定的包被处理，以利于神经元的贴壁生长。在培养液中外源添加 Aβ42（已证实具有神经毒性），模拟 AD 患者大脑中 Aβ42 的浓度，然后用免疫荧光染色、实时定量 PCR、Western blot 等技术，检测 Aβ42 对神经元活性、可塑性、突触生成等的影响。